SVENSKT SUPPLEMENT

TILL

SCHLOMANN—OLDENBOURG

ILLUSTRERADE

TEKNISKA ORDBÖCKER

PÅ SEX SPRÅK

TYSKA, ENGELSKA, FRANSKA, RYSKA,
ITALIENSKA OCH SPANSKA

UTGIVNA AV

ALFRED SCHLOMANN

INGENJÖR

REDIGERAT AV

HENRY BUERGEL GOODWIN

FIL. D:R, STOCKHOLM

BAND I

MASKINELEMENT OCH DE VANLIGASTE VERKTYGEN

SVENSK BEARBETNING AV

TORSTEN JUNG

ÖVERINGENJÖR, KALMAR

———◆———

STOCKHOLM   MÜNCHEN OCH BERLIN

P. A. NORSTEDT & SÖNERS FÖRLAG   R. OLDENBOURG

———

LONDON: CONSTABLE & CO., LTD. — NEW YORK: MC GRAW PUBLISHING CO. —
PARIS: H. DUNOD & E. PINAT. — ST. PETERSBURG: BUCHHANDELSGESELL-
SCHAFT «KULTUR». — MILANO: SPERLING & KUPFER. — BARCELONA: LIBRERÍA
NACIONAL Y EXTRANJERA.

MASKINELEMENT
OCH DE VANLIGASTE
VERKTYGEN

UNDER REDAKTIONELL MEDVERKAN AV

PAUL STÜLPNAGEL
DIPLOMINGENIEUR, DUISBURG

SVENSK BEARBETNING AV

TORSTEN JUNG
ÖVERINGENJÖR, KALMAR

MED 823 FIGURER OCH TALRIKA FORMLER

STOCKHOLM
P. A. NORSTEDT & SÖNERS FÖRLAG

MÜNCHEN OCH BERLIN
R. OLDENBOURG

LONDON: CONSTABLE & CO., LTD. — NEW YORK: MC GRAW PUBLISHING CO. —
PARIS: H. DUNOD & E. PINAT. — ST. PETERSBURG: BUCHHANDELSGESELL-
SCHAFT «KULTUR». — MILANO: SPERLING & KUPFER. — BARCELONA: LIBRERIA
NACIONAL Y EXTRANJERA.

PAPPER FRÅN LESSEBO

STOCKHOLM 1916
KUNGL. BOKTRYCKERIET. P. A. NORSTEDT & SÖNER
123622

Inledning till den svenska bearbetningen.

Att den tekniska nomenklaturen i vårt land icke tillnärmelsevis motsvarar teknikens nuvarande utveckling torde vara ett lika ledsamt som allmänt erkänt faktum, som visar sig särskilt skarpt vid jämförelse med den högt utvecklade nomenklatur, som träder en till mötes i den tyska facklitteraturen. Allteftersom nya områden för teknisk verksamhet öppnat sig och nya begrepp uppkommit, har den motsvarande språkliga dräkten där snabbt skapats, samtidigt med att talrika äldre benämningar fått lämna rum för nyare, mera korrekta och i systemet bättre passande. Skulle någon anmärkning göras mot detta tekniskt språkliga utvecklingsarbete i Tyskland, vore det den, att man utmönstrat även ett stort antal goda benämningar av främmande ursprung, vilka dock vunnit internationellt burskap, och ersatt dem med äkttyska, såsom t. ex. *Fernsprecher, Kraftwagen* m. fl.

För oss svenskar återstår på detta område ofantligt mycket att göra, ehuru på senare tider ett flertal glädjande tecken till intresse och förståelse för denna sak försports. Sålunda kan man i en del under senare år utkommen facklitteratur skönja en tydlig strävan att åstadkomma en förbättrad och enhetlig nomenklatur. Såsom exempel från det rent mekaniska området, som ligger mig närmast, vill jag anföra Askling-Roesler, »Förbränningsmaskiner» och Höjer, »Lokomotivlära». Det sistnämnda arbetet har dock enligt min mening i några fall gått väl långt i »tysk» riktning, då exempelvis sådana gamla goda termer som *friktionskoefficient, manometer* och *labil* jämvikt fått lämna rum för *friktionsvärdesiffra, övertrycksmätare* och *vacklande* jämvikt.

Då undertecknad för ett par år tillbaka mottog uppdraget att utföra föreliggande svenska bearbetning av Band I av Schlomanns »Illustrierte Technische Wörterbücher», skedde det i förhoppning att därmed i någon mån bidraga till skapandet av en god och enhetlig teknisk nomenklatur. En succesiv och av fackmän verkställd bearbetning till svenska av dessa ordböcker, som omfatta den moderna teknikens viktigare områden, syntes mig nämligen erbjuda en praktiskt framkomlig väg till nomenklaturfrågans lösning. Att även denna väg erbjuder svårigheter, har jag erfarit under arbetets gång.

Söker man nämligen, såsom skett vid föreliggande arbete, att med hjälp av egna kunskaper, tillgänglig litteratur, maskin- och verktygskatataloger, konsultering av ingenjörer och yrkesmän inom av arbetet berörda områden finna det svenska uttrycket för ifrågavarande tekniska begrepp, så mötes man i huvudsak av två svårigheter, å ena sidan av en mångfald olika benämningar, mera eller mindre goda — tyvärr ofta mindre — för samma sak, samt å andra sidan av brist på benämningar — eller åtminstone på goda sådana — även för ganska vanliga saker. Sådana mindre goda benämningar hava mycket ofta uppstått genom dålig översättning eller förvrängning av tyska eller engelska uttryck, tydligen beroende därpå, att ordbildningen å detta område till stor del handhafts av arbetare, som »lärt» utomlands, eller av maskinfirmornas mera eller mindre skickliga översättare av utländska kataloger. För att verka för goda och enhetliga benämningar, utan att alltför mycket inkräkta på en ordboks anspråk på fullständighet och på att utgöra en sammanfattning av bestående språkbruk inom området i fråga har, då ett flertal benämningar för samma sak förefunnits, i allmänhet den, som ur språklig eller saklig synpunkt synts vara att föredraga, satts främst, och där en (eller flera) synts vara avgjort att föredraga framför övriga, har densamma tryckts med spärrad stil; jämför t. ex. 13.1; 55.7; 169.6; 188.7; 189.6; 7, 206.6; 222.9 m. fl. Mera praktfulla översättningsblommor hava, där god och lika vanlig annan benämning funnits, uteslutits; jämför t. ex. 18.3, »skruvsir», 43.5 »deckel», 134.5, »ecksar sig», 154.7 »riffklove», m. fl. Även ur saklig synpunkt mindre adekvata benämningar hava i liknande fall uteslutits. I de fall däremot, där sådana mindre lämpliga benämningar äro allenarådande eller mycket vanliga, hava de bibehållits, ehuru även här en utmönstring och nybildning skulle varit nog så tilltalande; jämför t. ex. 155.5; 159.8; 168.7; 169.1; 194.7 m. fl. Endast där så varit nödvändigt hava benämningar nybildats, t. ex. 30:3 m. fl

För arbetet ha så gott som all svensk litteratur samt kataloger från de större firmorna inom området genomgåtts, varjämte ett antal fackmän rådfrågats, och jag står särskilt i tacksamhetsskuld till professor Sellergren, numera avlidne professor Ljungman, tygingenjör Alland samt byråingenjör Gertz för värdefull hjälp vid arbetet.

Kalmar den 8 mars 1914

Torsten Jung
Överingenjör

Företal och anvisning till begagnandet av Schlomann-Oldenbourg, Illustrerade Tekniska Ordböcker.

Originalets fullständiga titel: *Illustrierte Technische Wörterbücher* (förkortas *ITW*) *in sechs Sprachen.*

De bästa tekniska ordböckerna ha hittills vanligen omfattat hela teknikens ofantligt stora område i drag så universella, att fackmannen på sitt eget begränsade arbetsområde ofta förgäves fått söka upplysningar om glosor och vändningar, som utanför arbetsfältet ha en annan eller ingen som helst tillämpning.

För att avhjälpa denna brist ha utgivarna av föreliggande arbete tillämpat en från den gängse metoden att bearbeta det lexikaliska stoffet väsentligt avvikande princip, som i korthet kan kallas **bearbetning i fackgrupper under samtidigt införande av en ritad skiss i den tekniska ordboken.**

De enstaka gruppernas behandling skötes av var sin specialist, en i det särskilda facket hemmastadd ingenjör, på det viset, att facket framställes med alla dithörande allmänt, teoretiskt och praktiskt viktiga uttryck i **systematisk-logisk ordning** och så, att ämnet indelas i mindre, enstaka kapitel.

Därigenom vinnes ytterligare den fördelen, att dessa specialordböcker utom karaktären av uppslagsböcker till en viss grad erhålla värde såsom läroböcker för den i utlandet verksamme ingenjören, eller för studeranden vid tekniska skolor, där främmande språk ingå såsom examensämne.

Den ritade skissen är ett överallt inom facket begripligt och sålunda internationellt teckenspråk. Likaså en formel, en symbol, en geometrisk figur eller liknande, som bifogats överallt, där det varit möjligt. Det var på grund av detta ingenjörernas universalspråk, som bearbetningarna på de olika språken kunde företagas på själva byråerna och i verkstäderna i de land, där språken talas. Uttrycken ha aldrig tagits omedelbart ur andra tekniska ordböcker, kataloger el. dyl., och en stor del av ordförrådet har här för första gången blivit samlat. Ordböckerna äga därigenom värde såsom förstahandsarbete. De olika språkens tekniska terminologi står nämligen ingalunda fast, och de mötande svårigheterna ha varit utomordentligt stora. Terminologien har ofta måst skapas av de med företaget sysselsatta fackmännen, och därmed har en grund blivit lagd för att nå behörig enhet och stadga.

Ordböckerna äro uppdelade i tre huvuddelar, som var för sig fylla sin särskilda uppgift:

(1) en **innehållsöversikt** (på svenska i supplementet, i huvuddelen på tyska)

(2) **ordförrådet på sex språk i systematisk ordning**

(3) en **alfabetisk index**

(a) på tyska, eng., franska, ital., spanska

(b) på ryska,

hänvisande till sida och spalt (sidans underavdelning), där uttrycket finns i den systematiska delen (om den svenska indexen se nedan sid. XI).

Ex.: vad som hos oss kallas *Polhemsknut* (korslänkkoppling) skall återges på engelska. Ett enkelt mekaniskt tillvägagångssätt är att först gå till den alfabetiska indexen, där man såväl under *knut*, *Polhems-* som *Polhems-*, *knut* finner siffran 62.2. D. v. s. på sid. 62 i den internationella huvuddelen finner man en med en tvåa i margi-

nalen försedd grupp av översättningar. Där står tyskan, engelskan, franskan till vänster, ryskan, italienskan, spanskan till höger om en skiss av kopplingen i fråga, som på eng. kallas *universal joint* eller *Hooke's joint*. Är man säker på en motsvarighet till ordet t. ex. på tyska eller franska, kan ordet omedelbart slås upp i den internationella huvuddelens index på de fem språk, som använda det västeuropeiska alfabetet, varpå följer ryskan med sin särskilda index.

Den fackutbildade ingenjören torde emellertid utan annan hjälp än den inledande innehållsöversikten genast finna sig tillrätta i den i grupper indelade systematiska delen och sålunda utan vidare kunna översätta från ett språk till ett annat. Innehållsöversikten hänvisar honom exempelvis till sid. 56 ff. i den internationella huvuddelen på sex språk och till sid. 5 ff. i det svenska supplementet. Där finner han bland kopplingar på sid. 6 uttrycket upptaget bland de olika benämningar för det begrepp, som enligt den svenska bearbetarens åsikt bäst benämnes *universalled*. Man torde nämligen sällan slå upp ett sådant ord utan att samtidigt vilja förvissa sig om både besläktade termer och ord med samma betydelse (synonymer), vilket här alltsammans finns hopfört på ett ställe.

Ordboken med sitt svenska supplement ersätter inte mindre än fyrtiotvå tvåspråkiga lexika. Genom den svenska bearbetningen bli vi sålunda delaktiga i ett kulturarbete av jättedimensioner. Företaget sysselsätter f. n. flera hundra specialister spridda i alla kulturländer, och staben av ITWister växer ständigt. I och med fortskridandet av arbetet vid de planerade holländska, ungerska och polska supplementen tilltar användbarheten i geometrisk progression, då varje ny bearbetning kommer publiken i alla de förut representerade språkområdena tillgodo.

Såsom författare och bearbetare anställas i företagets tjänst ingenjörer. Språkmän anlitas såsom biträdande redaktörer med den särskilda uppgiften att vaka över terminologiens språkligt enhetliga form och renhet ur den synpunkt, att onödiga främmande beståndsdelar, som ofta bara hindra förståelsen för begreppet, utgallras.

Flera praktiska hänsyn och framför allt den stora vikt, som måste läggas på skapandet av terminologien eller utredningen av den härskande terminologiska villervallan, påtvinga det med ITW förbundna lexikografiska samlararbetet och ej mindre dess redigering begränsningar, som den vetenskapliga lexikografien helst vill göra sig fri ifrån till fromma för läsarens behov vid litteraturstudiet och med hänsyn till allmänhetens ofta sorgligt bristande kännedom om språket såsom levande organism. Terminologien vacklar som bekant mycket även inom ett och samma språkområde, men av utgivarna har uppställts den principen att särskilt anföra endast amerikanismer, som betecknas med ett (A). Synonymiken stannar sålunda utanför folkspråkets gräns. Formläran förbigår emellertid ingalunda det levande språkets möjligheter och benägenhet för att upplösa längre sammansättningar eller att uttrycka ett begrepp i flera ord, än det specifikt terminologiska, »lexikaliska» uttryckssättet medger. Helt moderna språkliga synpunkter göra sig vidare gällande i undvikandet av »ordöversättningar», som genomgående blivit ersatta av *motsvarigheter i betydelsen*. Som typiskt exempel kunde anföras. skillnaden mellan det svenska (= tyska, franska, ryska, italienska, spanska) sättet att uttrycka begreppet »banmotstånd» och det engelska uttrycket för detta begrepp »reaction on body» I 238. 4; det är som att återge »how do you do» utan vidare med »god dag» i stället för (oriktigt) med »hur står det till?».

I föreliggande band har tills vidare endast de tyska, fran-

ska, ryska, italienska och spanska ordens *genus* angivits genom (m), (f), (n) efter orden. I det svenska supplementet har det ansetts tillräckligt att beteckna neutra med (n), medan realgenus lämnats utan beteckning; där genus vacklar, följes första uppgiften i Sv. A:s ordlista 7. uppl.

Den **alfabetiska indexen** har i det svenska supplementet av både översättaren och redaktören gjutits i en från den stora internationella indexen avvikande form: lättheten hos vårt språk att bilda sammansättningar medför, att alla uttryck böra förekomma på såväl den första sammansättningsledens som den senare orddelens alfabetiska plats. Därigenom har omfånget ökats, men sökandet torde ha blivit betydligt underlättat. Detta förfaringssätt har medfört en annan i första bandets supplement försöksvis tilllämpad principändring, den att varje ord katalogiserats enligt följande schema:

grupp 1: ordet enbart, t. ex. . . . såg 185.3
grupp 2: ordet i förbindelse med
ord, med vilka det ej bildar
sammansättning . . . . - med ställning 189.2
                       - utan ställning 188.3
grupp 3: ordet såsom *andra*
sammansättningsled . . . . . . -, band- 190.3
grupp 4: ordet såsom *första*
sammansättningsled . . . . . . -angel 185.6

Det lilla bindestrecket i början av raderna har sålunda endast *en* betydelse, = ordets grundform. Böjningsformer (därunder inbegripen bestämd form, d. v. s. ordet med bestämd artikel) ha ställts i slutet av grupp 2. Där ordets första sammansättningsled skall upprepas, ej hela ordet, har denna del skilts från det övriga genom ǁ t. ex.

tumǁgraderad måttstock 221.8
-stock (ledad) 221.3

Samarbetet mellan huvudredaktionen av ITW i München och P. A. Norstedt & Söners förlag har ordnats så, att huvudredaktören, ingenjör Schlomann, efter granskning av varje tryckfärdigt korrekturark lämnar sitt tryckningstillstånd eller uttalar önskemål om textändringar med rätt att få dem beaktade.

Ur strängt facklig synpunkt bär varje enstaka dels bearbetare ensam ansvaret för översättningens noggrannhet. Dock svarar undertecknad för textens gestaltande i samarbete med den av honom föreslagne svenske bearbetaren och för enhetligt genomförande av de för hela företaget gällande principerna.

Henry Buergel Goodwin

Redaktör för den svenska upplagan av »Illustrierte technische Wörterbücher in sechs Sprachen».

1. Innehållsöversikt

sid.

Inledning till den svenska bearbetningen . . . . . . V—VI
Företal och anvisning till begagnande av Illustrerade Tekniska Ordböcker . . . . VII—XII

	svenskt suppl. sid.	huvuddel sid.
Maskinelement:		
I skruvar	1	7
II kilar	2	21
III nitar	3	26
IV axlar	3	33
V tappar	4	37
VI lager	4	40
VII smörjning	5	49
VIII kopplingar	5	56
IX kugghjul	6	63
X friktionshjul	7	73
XI remledningar	7	75
XII kättingtransmissioner	9	88
XIII rullar och block	9	93
XIV spärranordningar	9	95
XV rör	10	97
XVI ventiler	11	112
XVII cylindrar	13	130
XVIII packdosor	13	132
XIX kolvar	13	136
XX vevar	14	140
XXI fjädrar	14	147
XXII svänghjul	15	149
XXIII regulatorer	15	150
Verktyg:		
XXIV skruvstycken	15	153
XXV tänger	15	155
XXVI ambultar	15	158
XXVII hammare	16	160
XXVIII mejslar	16	167
XXIX filar	16	169
XXX skavstål och brotschar	17	176

2. Ordförrådet i systematisk ordning

I.

sid. 7.
1. skruvlinje
2. stigningsvinkel
3. stigning
4. skruvyta
5. skruvvindling
6. skruven har x gängor per tum
7. skruvgänga
8. skruvens stigning

sid. 8.
1. gängans djup (n)
2. gängans bredd
3. skruvens kärndiameter
4. skruvens yttre diameter
5. skruvens kärna
6. högergänga
7. högergängad
8. vänstergänga
9. vänstergängad

sid. 9.
1. enkel gänga
2. dubbel gänga
3. tredubbel gänga
4. flerdubbel gänga
5. skarp gänga, triangulär gänga
6. skarpgängad
7. platt gänga, rektangulär gänga, kvadratisk gänga

sid. 10.
1. plattgängad
2. rund gänga
3. rundgängad
4. trapetsgänga
5. muttergänga
6. gasgänga
7. fin gänga
8. gängans finhet
9. dödgång
10. självhämning

sid. 11.
1. skruvförbindning, skruvförband (n)
2. skruv, skruvbult

1—*123622. ITW. Bd I.*

3. skaft (n)
4. huvud (n), skalle
5. mutter
6. underläggsbricka, mutterbricka
7. bulthål (n)
8. bultdiameter
9. skallskruv med mutter
10. sexkantigt huvud (n)

sid. 12.
1. fyrkantigt huvud (n)
2. runt huvud (n)
3. försänkt huvud (n)
4. T-formigt huvud (n)
5. sexkantig mutter
6. kronmutter, mutter med spår (n) för pinne
7. vingmutter
8. flänsmutter
9. ställmutter, rund mutter med hål (n)
10. lettrad mutter, räfflad mutter, kordongmutter

sid. 13.
1. huvmutter, kappmutter
2. låsmutter, motmutter
3. skruvsäkring
4. fästskruv
5. skruvplugg
6. rörelseskruv
7. tryckskruv
8. pinnbult
9. skallskruv
10. passbult, brotschbult

sid. 14.
1. passa in en bult
2. skruvögla, öglebult
3. länkbult
4. skruv med försänkt huvud (n) och mutter
5. avståndsbult, stagbult med ansats
6. avståndsbult, stagbult med avståndsrör (n)
7. avståndsrör (n)
8. bult med sprint
9. förse en bult med sprint

sid. 15.
1. stoppskruv, ställskruv
2. s k å r s k r u v, skruv-stift (n)
3. ställskruv med vridpinne
4. vingskruv
5. mikrometerskruv, kordongskruv
6. stenbult
7. g r u n d b u l t, a n k a r-b u l t, fundamentbult
8. ankarbricka

sid. 16.
1. kil
2. g r u n d, fundament (n)
3. flergängad skruv
4. träskruv
5. skruvnyckel, nyckel
6. nyckelns käft
7. nyckelvidd
8. enkel skruvnyckel

sid. 17.
1. dubbel skruvnyckel
2. vändnyckel
3. ställskruvnyckel
4. hylsnyckel
5. ringnyckel
6. krannyckel, kranhandtag
7. haknyckel
8. stiftnyckel

sid. 18.
1. skiftnyckel
2. skiftnyckel, universalnyckel
3. skruvmejsel
4. förbinda med bultar
5. förbinda med skruvar
6. förankra
7. skruva an
8. skruva in
9. fästa med skruvar, skruva fast

sid. 19.
1. skruva till
2. skruva ihop, skruva tillsammans
3. skruva av, skruva loss
4. lossa en skruv
5. lossna
6. draga en skruv
7. sätta an en skruv
8. förvrida en skruv, sätta an en skruv så hårt, att gängan deformeras
9. gänga, skära gängor
10. gänga för hand

sid. 20.
1. finskära en gänga
2. gängskiva

3. skära skruvar med gängskiva
4. gänga skruvar med svarvstål (n)
5. gängstål (n)
6. muttergängstål (n), invändigt gängstål (n)
7. skruvgängstål (n), utvändigt gängstål (n)
8. gängfräs
9. gängkloppa (mindre)

sid. 21.
1. gängkloppa
2. gängbackar
3. gängtapp
4. gänga med tapp, skära gängor med tapp
5. gängskärningsmaskin

II.
6. kil
7. kilyta
8. kilens rygg
9. kilvinkel

sid. 22.
1. kilens dragning
2. träkil
3. järnkil
4. stålkil
5. kilförbindning, kilförband
6. tvärkil
7. l ä n g d k i l, k r y s s-k i l, krysspinne
8. kilhöjd
9. kilbredd
10. killängd

sid. 23.
1. kilhål (n)
2. kilens bäryta
3. kilspår (n)
4. kryssa kilspår
5. kryssmejsel
6. stickmaskin för kilspår (n)
7. fräsa kilspår (n)
8. h a k k i l, kil med huvud (n)
9. h a k e, huvud (n)
10. försänkt krysskil

sid. 24.
1. kvadratisk krysskil, kvadratkil
2. rund krysskil, rundkil
3. platt krysskil, plattkil
4. urholkad krysskil, skålkil
5. tangentialkrysskil, tangentialkil
6. dubbelkil
7. motkil
8. kilhake
9. kil
10. s a x s p r i n t, saxpinne
11. konisk pinne

sid. 25.
1. ställkil
2. konisk bricka, ringkil
3. fjäder och spår (n)
4. fjäder
5. kilsäkring, killås
6. kila fast, kila upp
7. slå ut en kil
8. driva in en kil
9. sätta an en kil

III.
sid. 26.
1. nit, nagel
2. nitens skaft
3. nitens huvud (n), nitens skalle
4. sätthuvud
5. sluthuvud
6. försänkningsvinkel
7. nithål (n), nagelhål (n)
8. nit med försänkt huvud (n)
9. nit med halvförsänkt huvud

sid. 27.
1. nit med skålformigt huvud (n)
2. nit med hamrat huvud
3. fästnit
4. n i t f ö r b a n d (n), n i t s k a r v, nitväxel
5. nitsöm, nitrad
6. nitdelning
7. kantavstånd
8. varmnitning
9. kallnitning

sid. 28.
1. stark nitning, kraftnitning
2. tät nitning, nitning av kärl (n)
3. enskärig nitning
4. skäryta, skjuvyta
5. tvåskärig nitning
6. flerskärig nitning
7. överlappsnitning

sid. 29.
1. enkel skarvplåtsnitning
2. dubbel skarvplåtsnitning
3. skarvplåt, skarvribba
4. flänsnitning
5. enradig nitning
6. tvåradig nitning
7. flerradig nitning

sid. 30.
1. sicksacknitning
2. kedjenitning
3. s p e t s n i t n i n g, skarv med glesare nitning i yttre raderna

4. nitens avstånd från flänsen
5. nita
6. försänka en nit
7. driva in en nit
8. dragstans

sid. 31.
1. dikta
2. diktmejsel
3. hugga ut nitar
4. kryssa ut nitskallen
5. handnitning
6. maskinnitning
7. nitmaskin
8. nitstans

sid. 32.
1. nithammare
2. sätthammare
3. mothållare
4. skruvmothållare
5. skallsänke (n)
6. vridbar mothållare med stöd (n)
7. nageltång
8. nagelklove, nitklove
9. nagelässja

sid. 33.
1. nagelfyr

IV.
2. axel
3. axeltapp
4. axellager (n)
5. n a v s ä t e (n), hjulsäte (n)
6. axelskaft (n)
7. axeltryck (n)
8. axelfriktion
9. tappfriktion
10. fast axel
11. roterande axel

sid. 34.
1. hopkopplad axel
2. icke hopkopplad axel
3. förskjutbar axel
4. styraxel
5. rotationsaxel
6. hjulaxel
7. varv (n)
8. axelprov (n)
9. axelbrott (n)
10. byta ut en axel
11. utbyte (n) av axel

sid. 35.
1. axelsvarv
2. svarvarverkstad för axlar
3. svarva axlar
4. axelledning
5. axel
6. axeltapp

— 4 —

7. halstapp
8. massiv axel
9. ihålig axel
10. fyrkantig axel
11. genomgående axel

sid. 36.
1. liggande axel, horisontal axel
2. stående axel, vertikal axel
3. böjlig axel
4. drivaxel
5. mellanaxel
6. utryckbar axel
7. b u n t, k a m. stos
8. stoppring, ställring
9. axel med vevsläng
10. vevsläng

sid. 37.
1. böja till en vevsläng
2. tvåslängad vevaxel
3. sticka av en axel
4. styraxel
5. omkastningsaxel

V.
6. tapp
7. ansats
8. ansatshöjd
9. tapptryck (n)

sid. 38.
1. tappfriktion
2. löpyta
3. inlöpt tapp
4. bärtapp
5. halstapp (med buntar)
6. ändtapp
7. stödtapp, dubb
8. ringformig stödtapp
9. kamtapp, tapp med buntar

sid. 39.
1. spetstapp
2. cylindrisk tapp
3. konisk tapp
4. kultapp, sfärisk tapp
5. gaffeltapp
6. insatt tapp
7. vridningstapp
8. vrida sig kring en tapp

sid. 40.
VI.
1. lager (n)
2. lagerlängd
3. lagerdiameter, lagerborrning
4. lagerfotens längd
5. lageryta
6. lagertryck (n)
7. specifikt yttryck (n), yttryck (n)

8. stödlager (n), dubblager (n)
9. stödplatta, dubbpanna

sid. 41.
1. ringformigt stödlager (n)
2. ringformig stödplatta
3. stödkullager (n)
4. kamlager(n), buntlager (n)
5. bärlager (n)
6. ytterlager (n), ändlager (n)
7. halslager
8. odelat lager (n), kanonlager (n)

sid. 42.
1. lagerbussning. bussning
2. bussa ett lager (n)
3. stålager (n)
4. lagerskål
5. efterställbar lagerskål
6. foder (n)

sid. 43.
1. fodra ett lager
2. fodra ett lager med vitmetall (babbits)
3. skålfläns
4. lagerkropp
5. lagerlock (n), överfall (n)
6. lockskruv
7. lagerfot, lagersula
8. fotskruv
9. fotplatta

sid. 44.
1. näsa, klack
2. ställkil
3. g r u n d b u l t. a n k a r- b u l t, fundamentsbult
4. smörjhål (n)
5. smörjspår (n)
6. spillkopp, droppkopp
7. stubblager (n)
8. snett lager

sid. 45.
1. stålager(n) med kulrörelse, Sellers lager
2. ringsmörjningslager (n)
3. kullager (n)
4. kula
5. löpring, kulring
6. kultapplager (n), sfäriskt lager (n)
7. kullagerskål, sfärisk bussning
8. rullager (n)

sid. 46.
1. egglager (n)
2. egg
3. panna
4. vägglager (n)
5. väggkonsol, vägglagerstol, vägglagerbock
6. hänglager (n)

7. hänglagerstol, hänglager-
   bock
8. slutet hänglager (n)
9. öppet hänglager (n)

sid. 47.

1. öppet hänglager (n) med
   bulttillslutning
2. lagerstol, lagerbock
3. väggtrumma
4. pelarkonsollager (n)
5. långsgående väggkonsol-
   lager (n)
6. vinkelkonsol, vägghylla
7. vevaxellager (n), vevlager
   (n)
8. ramlager (n)

sid. 48.

1. ytterlager (n)
2. en maskins lager går
   varmt
3. lagrets varmgång
4. lagret nötes, lagret slites
5. lagret skär i
6. ansätta lagret, efterställa
   lagret
7. smörja lagret
8. smörjskikt (n)

sid. 49.

VII.

1. smörjning
2. kontinuerlig smörjning
3. intermittent smörjning,
   periodisk smörjning
4. handsmörjning
5. handsmörjanordning
6. automatisk smörjning
7. automatisk smörjanord-
   ning
8. lokalsmörjning

sid. 50.

1. lokal smörjanordning
2. centralsmörjning
3. centralsmörjanordning
4. smörjmedel (n), smörj-
   ämne (n)
5. flytande smörjmedel (n)
6. halvfast smörjmedel (n),
   konsistensfett (n)
7. lättflutenhet,
   tunnflutenhet, viskositet
8. smörjolja
9. klibbighet
10. oljan förhartsas

sid. 51.

1. oljans förhartsning
2. animaliskt smörjämne
3. vegetabiliskt smörjämne
4. mineralolja
5. maskinolja

6. cylinderolja
7. spindelolja
8. oljebehållare, oljetank
9. smörjkanna, oljekanna
10. ventilsmörjkanna

sid. 52.

1. smörjkanna
2. smörjspruta, oljespruta
3. oljetillförsel
4. oljesmörjning
5. smörjhål (n)
6. smörjspår (n)
7. droppnäsa
8. smörjring
9. spillkopp, droppkopp

sid. 53.

1. oljerenare, oljerenings-
   apparat
2. renad olja
3. smörjanordning
4. smörjrör (n)
5. smörjkopp
6. cylindersmörjkopp
7. smörjlåda
8. smörjkopp
9. glassmörjkopp

sid. 54.

1. veksmörjning
2. veksmörjkopp
3. veke
4. veken filtar ihop sig
5. nålsmörjkopp
6. droppsmörjkopp
7. droppmunstycke
8. roterande smörjbehållare
9. centrifugalsmörjning

sid. 55.

1. ringsmörjning
2. smörjring
3. oljebad (n)
4. oljerum (n)
5. oljeavlopp, oljeavtapp-
   ning
6. tappa av oljan
7. smörjpress, lubri-
   kator
8. Stauffersmörjkopp
9. vinkelsmörjkopp

sid. 56.

VIII.

1. koppling
2. axelkoppling
3. fast koppling
4. muffkoppling, axelmuff
5. muff
6. muffkoppling med gän-
   gad muff
7. gängad muff
8. skålkoppling med krymp-
   ringar, ringkoppling

sid. 57.
1. kopplingsskål, skål
2. skålkoppling (med skruvar)
3. kopplingsskål, skål
4. kopplingsskruv
5. skivkoppling
6. kopplingsskiva

sid. 58.
1. Sellers koppling
2. klämkon
3. rörlig koppling
4. expansionskoppling
5. elastisk koppling
6. lösbar koppling
7. drivanordning med lösbar koppling
8. frånkopplingsanordning

sid. 59.
1. lösbar kopplingsmuff, förskjutbar muff, förskjutbar kopplingshalva
2. kopplingsspak
3. kopplingsgaffel
4. axel med lösbar koppling
5. slå till kopplingen, tillkoppla
6. slå från kopplingen, frånkoppla
7. frånkoppling

sid. 60.
1. automatisk frånkoppling
2. klokoppling, tandkoppling
3. klo, tand
4. frånkoppling (av tänderna)
5. klinkkoppling
6. klinka
7. friktionskoppling

sid. 61.
1. konkoppling
2. kopplingsskiva (med friktionskon)
3. borstkoppling
4. läderlänkkoppling
5. elektromagnetkoppling
6. bandkoppling, Zodel-Voiths bandkoppling
7. stångförbindning
8. länkförbindning
9. länkförbindning, led

sid. 62.
1. länktapp, tapp
2. universalled(n), cardanisk led, Polhemsknut, korslänkkoppling
3. korsstycke (n)
4. kulled

5. koppla, sammankoppla, hopkoppla
6. kopplad
7. direkt kopplad till

sid. 63.
1. koppla isär, frånkoppla

IX.

2. kuggning
3. kugghjul (n)
4. kuggdelning, delning
5. delningscirkel
6. huvudcirkel
7. fotcirkel
8. ingripa
9. ingrepp (n)

sid. 64.
1. ingreppslinje
2. ingreppssträcka
3. ingreppsbåge
4. ingreppets fortvaro
5. bringa i ingrepp
6. bringa ur ingrepp
7. huvudets väg under ingreppet
8. kugge
9. kuggprofil
10. kuggflank

sid. 65.
1. kugghuvud (n)
2. huvudets höjd, huvudets längd
3. kuggfot
4. fotens höjd, fotens längd
5. kugghöjd, kugglängd
6. kuggtjocklek
7. luckvidd
8. kuggbredd
9. oarbetade kuggar

sid. 66.
1. bearbetade kuggar, hyvlade kuggar
2. bearbetade kuggar, frästa kuggar
3. kuggtryck (n)
4. specifikt kuggtryck (n)
5. kuggfriktion
6. kuggfriktionsarbete (n)
7. cykloidkuggning
8. epicykloid
9. cykloid
10. hypocykloid

sid. 67.
1. pericykloid
2. grundcirkel, delningscirkel
3. rullningscirkel
4. pinnhjulskuggning, lykta och kuggstång

— 7 —

5. dubbelpunktkuggning
6. kuggning med rak profil
7. inre kuggning
8. evolventkuggning
9. evolvent

sid. 68.

1. kuggväxel, kuggtransmission
2. mellanaxel med kugghjul
3. satshjul (n)
4. krafthjul (n)
5. arbetshjul (n)
6. cylindrisk kuggväxel
7. drev (n), drivhjul (n)
8. utväxling, utväxlingsförhållande

sid. 69.

1. cylindriskt kugghjul (n) ·
2. hjulets ring, hjulets krans
3. kransvulst, ringens förstärkningsfjäder
4. hjulets nav (n)
5. navvulst, navets förstärkningsfjäder
6. borrning, inre diameter
7. hjulets arm
8. lös ring
9. delat hjul (n)
10. sprängt hjul (n)

sid. 70.

1. växel med inre kuggning
2. hjul (n) med inre kuggning, hålhjul
3. hjul (n) med vinkelkuggar, pilhjul
4. vinkelkugge
5. språng
6. kuggstång och hjul (drev)
7. kuggstång
8. konisk växel
9. grundkon

sid. 71.

1. komplementkon
2. koniskt kugghjul
3. rätvinklig konisk växel, nittio graders växel
4. rätvinkligt koniskt kugghjul(n), nittio graders hjul
5. skruvhjulsväxel, skruv och skruvhjul
6. s k r u v h j u l (n), snäckhjul
7. s k r u v, snäcka
8. skruvhjul (n), cylindriskt skruvhjul (n)
9. hyperboloidhjul (n)

sid. 72.

1. hjul (n) med träkuggar
2. insatt kugge, lös kugge
3. träkugge

4. järn mot järn-kuggning
5. trä mot järn-kuggning
6. ingripa, kugga
7. sätta in (trä-)kuggar i ett hjul, kugga (med träkuggar)
8. hjulen sjunga

sid. 73.

1. formmaskin för hjul (n)
2. kuggskärningsmaskin, kuggfräsmaskin

X.

3. friktionsväxel
4. friktionshjul (n)
5. tillpressningskraft
6. cylindriskt friktionshjul (n)

sid. 74.

1. koniskt friktionshjul (n)
2. planhjulsväxel, diskusväxel
3. planhjul, friktionsskiva, diskusskiva
4. friktionsrulle
5. koniska friktionsrullar (med mellanliggande remögla)
6. kilhjulsväxel
7. kilhjul (n)

sid. 75.

1. kilspår (n)
2. kilvinkel
3. kontaktdjup (n), ingreppsdjup (n)
4. mellanaxel med friktionshjul (n)

XI.

5. remledning, remtransmission
6. drivskiva, drivande skiva
7. driven skiva
8. remspänning
9. överförd kraft, periferikraft
10. dragande part

sid. 76.

1. dragen part
2. pilhöjd, nedhängning
3. omfattningsvinkel
4. driva en axel med rem
5. rem
6. pålöpande part
7. avlöpande part
8. rembredd
9. remtjocklek

sid. 77.

1. remmens köttsida
2. remmens hårsida

— 9 —

5. transmissionslina
6. drivlina
7. lastlina
8. hisslina
9. kranlina

sid. 88.
1. kabel
2. s p e l l i n a, vinschlina
3. vinda upp en lina
4. vinda av en lina

XII.
5. kättingtransmission, kättingväxel
6. kätting, kedja
7. kättinghjul (n)
8. ringkätting
9. ring, länk
10. delning, inre längd

sid. 89.
1. inre bredd
2. kättingjärn
3. kättingfriktion
4. k ä t t i n g l å s, schackel
5. svetsad kätting, välld kätting
6. ändsvets
7. sidosvets
8. kortringad kätting, kortlänkig kätting
9. långringad kätting, långlänkig kätting

sid. 90.
1. stagkätting
2. stag (n)
3. kalibrerad kätting
4. hakkätting
5. kättingdrev (n)
6. kättinghjul, haspelhjul
7. kättingstyrbygel
8. kättingskiva, kättingrulle
9. länkkätting, länkkedja
10. länkplatta, länk

sid. 91.
1. länkhuvud (n)
2. kättingbult
3. Galls kätting, Galls kedja
4. kedjehjul (n)
5. kedjehjulaxel
6. transmissionskätting
7. lastkätting
8. krankätting
9. ankarkätting
10. kättingbana
11. ändlös kätting

sid. 92.
1. k r o k, hake
2. k r o k ö p p n i n g, hakkäft

3. krokskaft, kroktapp
4. k r o k e n s g r ö v s t a
   d e l, hakkropp
5. svivel, lekare
6. d u b b e l k r o k, dubbelhake
7. linkrok
8. kättingkrok
9. krokutrustning
10. kättingögla

sid. 93.
1. trekantig ögla

XIII.
2. rulle, skiva
3. fast rulle
4. lös rulle
5. blockstropp, blockbygel
6. blocktapp, blockbult
7. talja, blocktyg (n)
8. block (n)
9. fast block (n)

sid. 94.
1. löst block (n)
2. övre block (n)
3. undre block (n)
4. differentialblocktyg (n)
5. differentialskiva
6. reptalja, repblocktyg (n)
7. kättingtalja, kättingblocktyg (n)
8. trumma
9. trummans mantel

sid. 95.
1. trumaxel
2. lintrumma
3. kättingtrumma

XIV.
4. spärranordning, spärrmekanism
5. s p ä r r h j u l (n) o c h
   s p ä r r(-klinka), palltrissa och pall
6. s p ä r r h j u l (n), palltrissa
7. s p ä r r, s p ä r r k l i n-
   k a, s p ä r r h a k e, pall
8. klämspärr, friktionsspärr
9. spärrkloss

sid. 96.
1. broms, bromsanordning
2. backbroms, klossbroms
3. bromsskiva
4. bromsback, bromskloss, bromsblock (n)
5. bromshävstång
6. bromskraft
7. backbroms med kilspår (n)
8. konisk skivbroms
9. bandbroms

sid. 97.

1. bromsband (n)
2. differentialbroms
3. centrifugalbroms

XV.

4. rör (n)
5. rörformig
6. rörets inre diameter, rör-vidd
7. rörets inre diameter är x mm, rörvidden är x mm
8. rörets gods (n), rörets vägg

sid. 98.

1. godstjocklek
2. rörlängd
3. rörbestrykning
4. rörisolering, rörbeklädnad
5. rörförbindning
6. gängad rörskarv
7. flänsförbindning
8. flänsförbindning med bultar
9. flänsrör (n)
10. fläns, rörfläns

sid. 99.

1. flänsdiameter
2. flänstjocklek
3. flänsbult
4. bultcirkel
5. tätningslist
6. flänspackning
7. packningsring
8. fläns med nedsvarvning för packningen

sid. 100.

1. fläns med nedsvarvat spår för packningen
2. röransats med fläns, rörstuts med fläns
3. vinkeljärnsfläns
4. fast fläns
5. lös fläns
6. pålödd bunt, pålödd ring
7. pånitad fläns
8. pålödd fläns
9. påskruvad fläns

sid. 101.

1. flänsnyckel
2. mufförbindning
3. muffrör (n)
4. rörmuff
5. rörpackning
6. muffens djup (n)
7. packningens djup (n)
8. gjuta bly i skarven
9. gjutjärnsrör (n)
10. stående gjutet rör

sid. 102.

1. liggande gjutet rör
2. smidesjärnsrör (n)
3. hopnitat rör (n)
4. svetsat rör, vällt rör
5. stumt svetsat · rör, rör med stum vällfog
6. lappsvetsat rör, lapp-vällt rör
7. spiralsvetsat rör, spiral-vällt rör
8. hårdlött rör
9. rör utan skarv, skarvfritt rör

sid. 103.

1. valsat rör
2. rörvalsverk (n)
3. rörvalsverk (n)
4. draget rör, heldraget rör
5. draga rör (n)
6. kopparrör (n)
7. mässingsrör (n)
8. rör med krage och lös fläns
9. krage
10. kraga ut röret

sid. 104.

1. expansionsrör (n), kompensationsrör
2. fjäderrör (n)
3. korrugerat fjäderrör
4. expansionspack-dosa, expansionsbox
5. kamflänsrör (n)
6. ormrör (n)
7. kylspiral
8. upphettningsspiral
9. rörtillslutning

sid. 105.

1. skruvplugg, propp
2. gängad huv, huv
3. blindfläns
4. formstycke (n)
5. dubbelmuff
6. rörkrök (nittio graders), helkrök
7. rörkrök (fyrtiofem gra-ders), halvkrök
8. U-stycke (n), returkrök
9. förminskningsrör

sid. 106.

1. rörförgrening
2. rätvinklig förgrening
3. spetsvinklig förgrening
4. grenrör (n)
5. korsstycke (n)
6. T-stycke (n)
7. trevägsstycke (n)
8. fyrvägsstycke (n)
9. gängad muff, muff

— 11 —

sid. 107.

1. förminskningsmuff
2. nippel
3. inre skarvrör (n) med gängade ändar
4. knästycke (n), knä (n)
5. vinkelstycke (n), vinkel
6. förminskningsvinkel
7. knästycke (n), knä (n)
8. gasrör (n)
9. vattenrör
10. ångpannetub

sid. 108.

1. eldrör (n)
2. tub
3. vattenrör (n)
4. tub
5. sugrör (n)
6. sugsil
7. sugledning
8. tryckrör (n)
9. tryckledning
10. röransats, rörstuts

sid. 109.

1. rörledning
2. tilloppsrör (n)
3. avloppsrör (n)
4. rörnät (n)
5. rörledningsplan
6. lägga ett rör (n)
7. rörhängare
8. rörkrok
9. ångledning
10. vattenledning

sid. 110.

1. gasledning
2. vattensäck
3. vattenslag (n)
4. rörbrott (n)
5. rörbrottsventil
6. rörnyckel, alligator-rörtång
7. rörtång
8. röravskärare
9. tubrensare, tubviska

sid. 111.

1. tubkrats
2. vattenståndsmätare, glas-rörsställ (n)
3. glasrörshållare, glasrörshus(n), kranhus(n)
4. vattenståndsglas, glasrör
5. vattenståndskran, glas-rörskran
6. vattenståndslinje
7. vattenpelare

sid. 112.
                    XVI.
1. ventil
2. ventilhus (n)
3. ventillock (n)
4. ventillockskruv
5. inloppsdiameter
6. genomlopp (n)

sid. 113.

1. genomloppsöppning
2. genomloppsarea
3. ventil, ventilkropp
4. ventilsäte (n)
5. sätets tätningsyta
6. slipa in ventilen
7. ventilspindel
8. ratt
9. ventilhusets längd

sid. 114.

1. ventilens slag (n), ventilens lyftning
2. slagbegränsning
3. slagbegränsningskon
4. ventilövertryck (n)
5. ventilens massa
6. ventilens acceleration
7. ventilen sätter sig i bänd
8. ventilen hänger upp sig
9. ventilen står och slår

sid. 115.

1. ventilen smäller
2. öppna ventilen
3. stänga ventilen
4. ventilens spel
5. ventilens stängning
6. ventilens öppning
7. ventilens lyftning
8. ventillyftningsdiagram(n)
9. avlasta ventilen, balan-sera ventilen
10. ventilavlastning, balan-sering av ventilen

sid. 116.

1. avlastningsventil, balan-seringsventil
2. lyftventil
3. tallriksventil
4. ventiltallrik
5. konisk ventil
6. ventilkon
7. kulventil
8. ventilkula
9. styrbygel
10. ventilstyrning

sid. 117.

1. vingstyrning
2. ventil med övre vingstyr-ning
3. ventil med undre ving-styrning

4. styrvinge
5. tappstyrning
6. styrtapp
7. spindelstyrning
8. r a k   v e n t i l,   genomgångsventil
9. v i n k e l v e n t i l, hörnventil

sid. 118.
1. trevägsventil, växelventil
2. ringventil
3. enkel ringventil
4. dubbel ringventil
5. flerdubbel ringventil
6. trappventil
7. ventil med dubbla säten
8. rörventil

sid. 119.
1. klockventil
2. viktbelastad ventil
3. ventilbelastning
4. fjäderbelastad ventil
5. ventilfjäder
6. säkerhetsventil
7. säkerhetsventil med viktbelastning
8. belastningsvikt
9. belastningshävarm

sid. 120.
1. säkerhetsventil med fjäderbelastning
2. belastningsfjäder, ventilfjäder
3. belasta ventilen
4. justera ventilbelastningen
5. överbelasta ventilen
6. bottenventil
7. s j ä l v s t y r d   v e n t i l, självverkande ventil
8. tvångstyrd ventil
9. ventilstyrning

sid. 121.
1. spärrventil
2. ångspärrventil, ångavstängningsventil
3. kontraventil, bakslagsventil
4. rörbrottsventil
5. reducerventil
6. sugventil
7. tryckventil
8. luftinsläppningsventil, vakuumventil

sid. 122.
1. snyftventil
2. inloppsventil, pådragsventil
3. avloppsventil
4. utblåsningsventil

5. genomblåsningsventil
6. avtappningsventil
7. matarventil
8. provventil
9. s l a m v e n t i l,   muddventil

sid. 123.
1. klaffventil
2. ventilklaff
3. läderklaffventil
4. gummiklaffventil
5. ventilanslag (n)
6. säkerhetsklaff
7. självstängande klaff, återgångsklaff

sid. 124.
1. spärrklaff
2. sugklaff
3. tryckklaff
4. inloppsklaff
5. avloppsklaff
6. trottelventil, trottelklaff
7. strypa
8. strypning

sid. 125.
1. slussventil
2. ventilhus (n)
3. ventillock (n)
4. ventilspindel
5. ventil, ventilkropp
6. ventilsäte (n)
7. tätningsring
8. ventilstyrning

sid. 126.
1. styrningslist
2. styrningsmutter
3. spärrslid, slid
4. vattenslid, slussventil för vattenledning
5. gasslid, slussventil för gasledning
6. ångslid
7. vridslid, Corliss-slid
8. s k i v v e n t i l,   fjärilsventil, cirkelslid
9. fördelningsslid

sid. 127.
1. planslid
2. musselslid
3. slidstång
4. rundslid, kolvslid
5. avlastad slid, balanserad slid
6. slidstyrning
7. kran, kikkran
8. krankik, kik
9. kranhuvud (n)
10. kranhus (n)

— 13 —

sid. 128.
1. öppna kranen
2. stänga kranen
3. konisk kran
4. ventilkran, vattenledningsventil
5. ventilkran, vattenledningsventil
6. kran med packdosa
7. genomgångskran
8. vinkelkran
9. trevägskran

sid. 129.
1. fyrvägskran
2. avloppskran, kran
3. blandningskran
4. kran. spärrkran
5. vattenkran
6. gaskran
7. utblåsningskran
8. avtappningskran
9. matarkran
10. provkran

sid. 130.
XVII.
1. cylinder
2. cylinderaxel
3. cylinderns borrning, cylinderns inre diameter, cylinderdiameter
4. cylindermantel, cylindervägg
5. cylinderlock (n)
6. lockskruv
7. lockskruvar
8. cylinderbotten

sid. 131.
1. cylinderpackdosa
2. cylinderklädsel
3. svarva ur en cylinder
4. svarva ur en sliten cylinder
5. borra ur en cylinder, arborra en cylinder
6. cylinderborrmaskin, arbor(r)maskin
7. cylindersmörjning
8. enkeltverkande cylinder

sid. 132.
1. dubbeltverkande cylinder
2. ångcylinder
3. pumpcylinder
4. presscylinder

XVIII.
5. packdosa
6. gland
7. glandfläns
8. dosa
9. packning

sid. 133.
1. packningsrum
2. packningens tjocklek
3. packdosskruv
4. bottenbussning
5. bottenring
6. smörjring
7. ångpackdosa
8. packdosa med läderpackning

sid. 134.
1. lädermanschett
2. packdosa med metallpackning
3. packdosfriktion
4. ansätta packdosan
5. packdosan sätter sig i bänd
6. packdosan läcker, packdosan är otät
7. packdosan tätar, packdosan är tät

sid. 135.
1. cylindern hålles tät medelst en packdosa
2. packa
3. hamppackning
4. hampsnöre
5. asbestpackning
6. asbestsnöre
7. gummipackning
8. metallpackning

sid. 136.
XIX.
1. kolv
2. kolvdiameter
3. kolvens höjd
4. spelrum (n) mellan kolv och lock, axiellt kolvspelrum
5. kolvkraft
6. kolvstång
7. kolvstångens förlängning
8. styrning för kolvstången
9. kolvmutter

sid. 137.
1. kolvnyckel
2. kolvstångspackdosa
3. kolvsmörjning
4. kolvhastighet
5. kolvacceleration
6. kolvfriktion
7. kolvslag (n)
8. dubbelslag (n) av kolven
9. kolvens framåtslag (n)
10. kolvens bakåtslag (n)

sid. 138.
1. kolvens uppåtslag (n)
2. kolvens nedåtslag (n)
3. kolvpackning

4. kolv med hamppackning
5. kolv med läderpackning
6. packa en kolv med läder (n)
7. kolv med metallpackning

sid. 139.
1. k o l v r i n g, packring
2. kolvringslås (n)
3. självspännande kolvring
4. kolvkropp
5. kolvlock (n)
6. kolvlockskruv
7. spännring
8. kolv med labyrinttätning

sid. 140.
1. inslipad kolv
2. slipa in en kolv
3. skivkolv
4. d y k a r k o l v, plungerkolv
5. ångkolv
6. pumpkolv
7. reservkolv

XX.
8. vevrörelse
9. dödpunktsläge (n), dödläge (n)

sid. 141.
1. dödpunkt, död punkt
2. vev
3. vevarm, vevkropp
4. vevaxel
5. vevaxellager, vevlager
6. vevtapp
7. vevtapplager (n)
8. ändvev

sid. 142.
1. motvev
2. vevskiva
3. handvev
4. vevhandtag (n)
5. enmansvev
6. tvåmansvev
7. säkerhetsvev
8. stöt å vevtappen
9. veva, draga veven

sid. 143.
1. vev och kuliss
2. kuliss
3. tärning, glidstycke (n)
4. excenter
5. excentricitet
6. excenterskiva
7. odelad excenterskiva
8. tudelad excenterskiva

sid. 144.
1. e x c e n t e r r i n g, excenterbygel
2. excenterstång

3. excentertryck (n)
4. excenterfriktion
5. excenterrörelse
6. excentrisk
7. vevstake
8. vevstaksskaft
9. vevstakshuvud (n)

sid. 145.
1. slutet vevstakshuvud
2. öppet vevstakshuvud, vevstakshuvud av sjömaskinstyp
3. vevstakshuvud med bygel
4. koppelstång
5. rätlinig styrning, gejd
6. glidstycke (n)
7. glidbana
8. glidyta
9. normaltryck (n) mot banan
10. friktion i banan

sid. 146.
1. stångstyrning
2. styrhylsa
3. glidstång
4. tvärstycksstyrning, tvärstycksgejd, gejd
5. tvärstycke (n)
6. glidsko
7. tvärstyckstapp
8. kolvstång

sid. 147.
1. tvärstyckskil

XXI.
2. fjäder
3. böjningsfjäder
4. bladfjäder
5. fjädring, nedböjning
6. bladfjäder, vagnsfjäder
7. fjäderbygel
8. öga (n)
9. fjäderfäste

sid. 148.
1. spiralfjäder
2. vridningsfjäder
3. cylindrisk (skruv-)fjäder
4. konisk (skruv-)fjäder
5. fjäder med rektangulär sektion
6. fjäder med cirkulär sektion
7. fjäderns sammantryckning
8. sammantrycka en fjäder
9. sträcka en fjäder '

sid. 149.
1. fjädervindling, fjädervarv
2. fjäderns antal (n) vindlingar
3. fjädra

XXII.
4. svänghjul (n)
5. svänghjulets ring, sväng-
hjulets krans
6. svänghjulets arm
7. svänghjulets nav
8. olikformighetsgrad
9. tudelat svänghjul

sid. 150.
1. kransförbindning
2. kransbult
3. navbult
4. svänghjul (n) med kuggar
5. svänghjulsexplosion
6. kransbrott (n)

XXIII.
7. regulator
8. regulatorspindel
9. regulatorkula

sid. 151.
1. regulatorhylsa
2. regulatorns hylsförskjut-
ning
3. regulatorhävstång
4. regulatorns ställtyg (n)
5. centrifugalregulator
6. pendelregulator
7. konisk (pendel-)regulator
8. axelregulator
9. viktsregulator

sid. 152.
1. regulatorvikt
2. fjäderregulator
3. regulatorfjäder
4. hastighetsregulator
5. effektregulator
6. reglera

sid. 153.
XXIV.
1. skruvstycke (n), skruvstäd
(n)
2. bänkskruvstycke (n)
3. spänna fast ett arbets-
stycke i skruvstycket
4. skruvstycksspindel
5. skruvstyckets käftar
6. käftfoder (n)

sid. 154.
1. lösa backar
2. parallellskruvstycke (n)
3. rörskruvstycke (n)
4. skruvtving
5. bänktving
6. filklove
7. snedklove, kantklove
8. spetsklove, filklove
med smal mule

sid. 155.
1. stiftklove
2. spännklove

XXV.
3. tång
4. tångens käft
5. flacktång
6. rundtång
7. rörtång
8. smidestång med spänn-
ring, spänntång
9. stifttång
10. trådsax

sid. 156.
1. avbitartång
2. hovtång, kniptång
3. hovtång
4. plåtböjningstång
5. dragtång
6. lödtång
7. brännartång
8. pincett
9. sax
10. saxens blad

sid. 157.
1. krumsax, plåtsax
2. hävstångssax
3. bänksax, stocksax
4. bordsax
5. parallellsax
6. gradsax
7. handsax
8. maskinsax, klippmaskin
9. plåtklippmaskin

sid. 158.
1. hålsax
2. trådsax

XXVI.
3. städ (n), ambult (n)
4. städets ban
5. städstock, stabb
6. smedstäd (n)
7. sparrstäd (n), smidessparr
8. bänkstäd (n), ambult (n)
9. städ (n) med horn (n),
städ (n) med sparr

sid. 159.
1. städets horn (n), städets
sparr
2. sparrhorn, sparrstäd
3. tånge, angel
4. sparrhorn med två horn
5. ambult (n)
6. spetsambult (n)
7. omslagsjärn (n)
8. betteljärn (n)
9. bottenstake, faff

sid. 160.
1. polerplatta
2. s ä n k p l a t t a, lock-
   platta, sänkplan

XXVII.

3. hammare
4. hammarens ban
5. hammarens pen
6. hammarens skaft (n)
7. hamra
8. kallhamra
9. verkstadshammare

sid. 161.
1. smideshammare
2. sträckhammare
3. slägga
4. handhammare
5. bänkhammare
6. slägga, tvärpenshamma-
   re, rikthammare
7. slägga, knoster (n)
8. s p e t s h a m m a r e,
   durkslag(n), lockhammare
9. flathammare

sid. 162.
1. hammare med krysspen,
   tvärspenshammare
2. hammare med kulpen,
   kulhammare
3. hammare med kluven pen,
   med spikutdragare
4. sätthammare
5. släthammare
6. kälhammare
7. drivhammare

sid. 163.
1. drivhammare
2. pinnhammare
3. lockhammare
4. pannstenshammare
5. sänkhammare
6. trähammare
7. zinkhammare
8. kopparhammare
9. smida

sid. 164.
1. kallhamra
2. smida
3. smida i sänke (n), sänk-
   smida
4. sänke (n)
5. undersänke (n)
6. översänke (n)
7. stuka
8. stukning
9. svetsa, välla
10. svets, svetsning, väll, väll-
    ning
11. svetsa på, välla på

sid. 165.
1. svetsa ihop, välla ihop
2. svets, svetsfog, väll, väll-
   fog
3. svetshetta, vällhetta
4. svetsfel (n), vällfel (n)
5. vällugn
6. skrota, avhugga
7. avskrot (n)
8. skrotmejsel
9. varmskrotmejsel
10. kallskrotmejsel

sid. 166.
1. smidesässja, ässja
2. härd
3. skorsten
4. fyr
5. smidesverktyg
6. slaggspett
7. kolraka
8. kylviska
9. slaggskyffel
10. smidestång

sid. 167.
1. smidesbläster
2. blåsbälg, bälg
3. fältässja

XXVIII.

4. mejsel
5. g r a d m e j s e l, flat-
   mejsel, skarpmejsel
6. kryssmejsel
7. kryssa ut
8. stenmejsel
9. handmejsel

sid. 168.
1. bänkmejsel, kallmejsel
2. mejsla
3. mejsla av
4. körnare
5. körnslag
6. körna
7. durkslag (n)

sid. 169.
1. lockskiva
2. handdurkslag (n)
3. bänkdurkslag (n)
4. h u g g p i p a, h å l-
   p i p a, lockjärn (n)
5. håltång
6. s l å u t h å l (n), h u g-
   g a u t h å l, locka hål

XXIX.

7. fil
8. filskaft

sid. 170.
1. filens huggning
2. medelfin huggning, ba-
   stardhuggning

3. fin huggning
4. engradig hugigning
5. dubbelgradig huggning
6. övergrad
7. undergrad
8. hugga filar
9. filhuggare
10. filhuggningsmejsel
11. filhuggningshammare

sid. 171.
1. filhuggningsstäd
2. hugga om filar
3. omhuggen fil
4. härda filar
5. filhärdning
6. fila, fila av
7. filtag (n)
8. filspån
9. filstoft (n)

sid. 172.
1. filbänk
2. handfil, ansatsfil, flatfil
3. armfil, bestötfil, fyrkantfil
4. medelfin fil, bastardfil
5. slättfil
6. förslättfil
7. finslättfil
8. putsa

sid. 173.
1. putsfil
2. a r m f i l, bestötfil
3. grovfil, skrubbfil
4. flatfil
5. trubbig fil
6. spetsig fil
7. spetsflat fil

sid. 174.
1. trubbig flatfil
2. trekantfil
3. fyrkantfil
4. rundfil
5. halvrund fil
6. barettfil
7. vältsfil
8. fågeltunga

sid. 175.
1. knivfil
2. svärdfil
3. scharnerfil (invändig)
4. s k ä r f i l, instryksfil
5. nålfil
6. scharnerfil (utvändig)
7. sågfil

sid. 176.
1. rundfil (grad)
2. rasp

XXX.
3. s k a v s t å l, skavare
4. planskavstål

5. skålslipat trekantskavstål
6. trekantskavstål
7. hjärtformigt skavstål

sid. 177.
1. skava
2. skava
3. skava efter
4. brotsch, upprymmare, rivare
5. slipad brotsch
6. vinkelupprymmare
7. brotsch med spiralspår, spiralbrotsch
8. brotsch med raka spår, rüfflad brotsch
9. konisk brotsch

sid. 178.
1. tappbrotsch
2. maskinbrotsch
3. brotscha, upprymma

XXXI.
4. borr
5. borrfoder
6. borrspindel

sid. 179.
1. borrhål
2. borra
3. borra ur, borra efter
4. slätborr
5. borrning
6. handborr
7. spikborr, vrickborr
8. tappborr

sid. 180.
1. borr med ensidigt skär
2. borr med tvåsidigt skär
3. spetsborr
4. centrumborr
5. centrumspets
6. spiralborr
7. försänkare, försänknings-borr
8. träborr

sid. 181.
1. snäckborr
2. snäckborr med skaftöga
3. pinnborr, navborr
4. spiralborr med skaftöga
5. långhålsborr
6. jordborr
7. slagborr

sid. 182.
1. borr, borrverktyg (n)
2. drillborrskaft, drillborr
3. drillbåge med borrskaft, drillbåge
4. drillbåge, stråke
5. b o r r s v ä n g, bröst-

borrskaft (n), handborr-
skaft (n), bröstborr
6. borr
7. v e v b o r r, eckenborr,
borrskaft (n) med växel
8. borrstolskaft (n), borr-
sväng
9. spärrsock, borrsock,
snarka

sid. 183.
1. borrmaskin

XXXII.
2. fräs
3. frästand
4. fräs med insatta tänder,
fräs med lösa tänder
5. efterskuren fräs
6. skivfräs
7. spårfräs

sid. 184.
1. planfräs
2. slitsfräs, fräsklinga
3. pinnfräs
4. planfräs
5. kuggfräs
6. snäckfräs
7. rörfräs (yttre)
8. profilfräs, fasonfräs
9. fräsa, urfräsa

sid. 185.
1. fräsning
2. fräsmaskin

XXXIII.
3. såg
4. sågskär (n)
5. sågblad (n), sågklinga
6. sågangel
7. sagtand
8. eggvinkel
9. skärvinkel

sid. 186.
1. förskärningsvinkel
2. spetslinje
3. baslinje
4. trekanttand, triangulär
tand
5. vargtand
6. M-tand
7. perforerat sågblad
8. skränkt tand
9. skränkjärn

sid. 187.
1. skränka
2. stansa ut sågtänder, skära
sågtänder.
3. såga
4. sågspån
5. kallsåga
6. varmsåga

7. kallsåg
8. varmsåg
9. metallsåg
10. träsåg

sid. 188.
1. handsåg
2. tvåmanssåg
3. ospänd såg, såg utan ställ-
ning
4. kransåg
5. stocksåg, tvärsåg
6. b u k s å g, stocksåg,
tvärsåg
7. f u x s v a n s, fogsvans
8. ryggsåg
9. sågrygg
10. sticksåg

sid. 189.
1. s k å r s å g, instryckssåg
2. spänd såg, såg med ställ-
ning
3. bågsåg, bågfil
4. båge, bågfilsställning
5. lövsåg
6. k l o v s å g, klosåg
7. s p ä n n s å g, örtsåg
8. spännpinne
9. slitssåg

sid. 190.
1. rundsåg
2. sågmaskin
3. bandsåg
4. cirkelsåg
5. sågram
6. ramsåg
7. sågblock (n), sågträ (n)

XXXIV.
8. yxa
9. egg

sid. 191.
1. öga (n)
2. yxskaft
3. handyxa
4. bänkyxa
5. regelyxa
6. bila
7. handbila
8. skarvyxa, dexel (krum)
9. yxa till
10. hyvel
11. hyvelstock (n)
12. hyveljärn (n)

sid. 192.
1. k i l h å l (n), hyvelhål (n)
2. hyvla
3. hyvla
4. hyvla av
5. hyvling
6. hyvelspån

— 19 —

7. hyvel med dubbeljärn (n),
 dubbelhyvel
8. dubbeljärn (n)
9. kappa
10. skrubbhyvel

sid. 193.
1. släthyvel
2. rubank
3. handhyvel
4. simshyvel
5. falshyvel
6. nothyvel
7. bukthyvel, skeppshyvel
8. listhyvel, kälhyvel
9. hyvelbänk

sid. 194.
1. baktång
2. bänkhake
3. hyvelmaskin
4. stämjärn (n)
5. stämma
6. huggjärn (n)
7. lockbetel

sid. 195.
1. håljärn (n)
2. getfot
3. bandkniv
4. rätkniv
5. krumkniv
6. spik
7. spika

sid. 196.
1. spika ihop
2. spikhål
3. spikhammare
4. stift (n)
5. nageljärn (n)
6. limma
7. limma ihop
8. lim (n)
9. limtving, skruvtving

XXXV.
10. slipsten

sid. 197.
1. slipstenstråg
2. slipstenens finkornighet
3. brynsten, bryne (n)
4. oljesten
5. slipa
6. slipmaskin
7. slipskiva
8. smärgel
9. smärgelpapper
10. smärgelduk

sid. 198.
1. smärgelsticka, smärgel-
 bryne (n)
2. smärgelskiva

3. smärgelring
4. smärgelcylinder
5. smärgelsten
6. smärgla
7. smärgelslipmaskin
8. smärgelpulver (n)

XXXVI.
9. härda

sid. 199.
1. härdning
2. anlöpa
3. anlöpning
4. anlöpningsfärg
5. hårdhet
6. naturlig hårdhet
7. glashårdhet
8. hårdhetsskala
9. hårdhetsgrad
10. härdningspulver
11. härdningsspricka

sid. 200.
1. ythärdning, sätthärdning
2. härdning genom avkyl-
 ning
3. härdning genom hamring
4. härdning i olja
5. härdning i vatten

XXXVII.
6. löda
7. löda ihop
8. löda på
9. lossa en lödning
10. lödning

sid. 201.
1. lödning
2. lödning med lättsmält lod
3. lödning med hårdsmält
 lod, hårdlödning
4. lödfog
5. lödställe, lödfog
6. lödkolv
7. hammarkolv
8. spetskolv
9. gaslödkolv
10. lödbrännare

sid. 202.
1. lödlampa
2. lödlåga
3. lödugn
4. lod (n)
5. tennlod (n)
6. snällod
7. slaglod (n), hårdlod (n)
8. lödvatten (n)
9. lödsyra

sid. 203.
1. blåsrör (n)
2. lödtång

3. blåsrörsprov
4. smältskopa

sid. 204.

XXXVIII.

1. f i n m ä t a, precisionsmäta
2. f i n m ä t n i n g, precisionsmätning
3. mått, tolk
4. skruvmått
5. mikrometermått (n), mikrometer
6. skjutmått (n)

sid. 205.

1. käft
2. stickmått (n)
3. stickmått (med sfäriska ändar)
4. cylinderstickmått
5. g a f f e l t o l k, hakmått
6. djupmått
7. h å l t o l k, hålklinka
8. cylindertolk

sid. 206.

1. gängtolk, bult- och muttertolk
2. g ä n g t o l k, gängmätare
3. p l å t t o l k, plåtklinka, plåtlyra
4. gränstolk, toleranstolk
5. normaltolk
6. t r å d t o l k, trådklinka, trådlyra
7. cirkel, passare
8. krumcirkel, krumpassare
9. fotcirkel, fotpassare

sid. 207.

1. fjäderkrumcirkel, fjädercirkel
2. fjäderkrumcirkel för mätning av gängor
3. krumcirkel
4. stickcirkel, stickpassare, spetscirkel
5. ritsa
6. ritsspets
7. ritskubb
8. cirkelrits
9. ritsmått(n), strykmått(n)

sid. 208.

1. vinkelhake, vinkel
2. vinkelhake med anslag, anslagsvinkel
3. T-vinkel
4. sexkantvinkel
5. smygvinkel, smyg
6. rikta
7. planskiva, riktplatta
8. vattenpass

sid. 209.

1. dosvattenpass
2. lod (n), centrumlod (n), sänklod (n)
3. slagtäljare
4. v a r v r ä k n a r e, tachometer

sid. 210.

XXXIX.

1. järn (n)
2. järnmalm
3. tackjärn (n)
4. vitt tackjärn (n)
5. grått tackjärn (n)
6. halverat tackjärn (n), halvgrått tackjärn, halvvitt tackjärn

sid. 211.

1. spegeljärn (n)
2. manganjärn (n)
3. gjutjärn (n)
4. gjutning i öppen sand
5. gjutning i flaskor
6. gjutning i sand
7. gjutning i torr sand, gjutning i fet sand
8. gjutning i våt (rå) sand, gjutning i mager sand

sid. 212.

1. gjutning i lera
2. gjutning i kokiller, kokillgjutning
3. stålgjutgods
4. aducerat gjutjärn
5. smidesjärn (n)
6. välljärn (n)
7. puddeljärn (n)

sid. 213.

1. götjärn (n)
2. bessemerjärn (n)
3. thomasjärn (n)
4. martinjärn (n)
5. stål (n)
6. vällstål (n)
7. puddelstål (n)
8. götstål (n)
9. bessemerstål (n)
10. thomasstål (n)

sid. 214.

1. martinstål (n)
2. cementstål (n)
3. garvstål (n)
4. degelgjutstål (n)
5. nickelstål (n)
6. volframstål (n)
7. verktygsstål (n)
8. stångjärn (n)
9. rundjärn (n)

sid. 215.
1. fyrkantjärn (n)
2. sexkantjärn (n)
3. plattjärn (n)
4. bandjärn (n)
5. valsat järn (n)
6. vinkeljärn (n)
7. T-balk, T-järn (n)
8. I-balk, I-järn (n)
9. U-balk, U-järn (n)
10. Z-balk, Z-järn (n)
11. järnplåt

sid. 216.
1. plåt
2. svartplåt
3. tunnplåt
4. grovplåt, pannplåt
5. räfflad plåt, durkplåt
6. vågplåt
7. förtent plåt, galvaniserad plåt
8. koppar
9. zink
10. tenn (n)
11. nickel

sid. 217.
1. bly (n)
2. guld (n)
3. silver (n)
4. platina
5. mässing, (gul)metall
6. brons
7. fosforbrons
8. kanonbrons
9. klockbrons
10. vitmetall, babbits
11. deltametall

sid. 218.
XL.
1. rita
2. rita i full storlek
3. rita i (förminskad) skala
4. ritkontor (n), konstruktionsbyrå
5. ritare
6. ritning
7. ritbord (n)
8. låda

sid. 219.
1. ställbart ritbord
2. ritportfölj
3. portföljställ
4. ritbräde (n)
5. vinkellinjal
6. vinkellinjalens huvud (n)
7. (själva) linjalen
8. vinkelhake, vinkel
9. linjal
10. mall

sid. 220.
1. ri
2. ritpapper (n)
3. ritpapper (n), blad (n) ritpapper
4. skisspapper (n), krokipapper (n)
5. skissblock (n)
6. häftstift (n)
7. mäta
8. mått (n)
9. metermått (n)
10. fotmått (n)
11. normalmått (n)

sid. 221.
1. måttstock
2. måttlinjal, skala
3. (ledad) tumstock
4. måttband (n)
5. reduktionsskala, proportionsskala
6. skala
7. meterstock
8. tumstock, tumgraderad måttstock
9. krympmått

sid. 222.
1. räknesticka
2. konstruera
3. konstruktör
4. konstruktion
5. konstruktionsfel
6. maskinritning
7. maskinritning
8. skissera
9. skiss, kroki
10. frihandsskiss

sid. 223.
1. projektera
2. utkast (n), projekt (n)
3. projektskiss
4. sammanställning
5. detaljritning
6. arbetsritning
7. detaljförteckning
8. måttskiss

sid. 224.
1. rita en maskindel i tre projektioner
2. frontvy, sidoprojektion
3. sidovy, vertikalprojektion
4. yttervy
5. längdvy
6. planvy, horisontalprojektion
7. kontur
8. rita en maskindel i sektion
9. längdsektion

sid. 225.
1. tvärsektion
2. sektion x—y
3. centrumlinje, medellinje
4. måttlinje

5. måttpil
6. måttsiffra, mått (n)
7. från mitt till mitt
8. huvudmått (n)
9. skriva på mått (n), sätta på mått (n)
10. måttsättning

sid. 226.
1. göra en blyertsritning
2. strecka
3. pricka
4. streckpricka
5. sektionera
6. sektionering, sektionsbeteckning
7. ritbestick
8. passare, cirkel
9. passarben
10. passarfot

sid. 227.
1. passarspets
2. passarhuvud (n)
3. passare med lösa ben, insatspassare
4. blyertsinsats
5. dragstiftinsats, tuschinsats
6. nålinsats
7. nålspets
8. förlängningsstycke (n)
9. passarnyckel

sid. 228.
1. blyertspassare
2. stickpassare
3. delningspassare
4. punktcirkel
5. reduktionspassare, proportionspassare
6. stångcirkel
7. centrumstift

sid. 229.
1. punkternål
2. punkterhjul (n)
3. blyfodral
4. gradskiva
5. vinkelgradskiva
6. dragstift (n)
7. kurvdragstift
8. dubbeldragstift
9. punkteringsdragstift, prickningsdragstift

sid. 230.
1. slipa dragstiftet
2. blyertspenna, blyerts
3. spetsa blyertsen
4. blyertsspetsare
5. blyertsstrigel
6. blyertsfil
7. radera
8. radergummi (n)
9. blyertsgummi (n)
10. tuschgummi (n), bläckgummi (n)

sid. 231.
1. raderkniv
2. tuscha
3. (flytande) tusch
4. textpenna
5. texta en ritning
6. rundskrift
7. rak stil
8. rundskriftspenna
9. tuschhållare
10. lavera

sid. 232.
1. färglåda
2. färg
3. vattenfärg
4. färgtub
5. pensel
6. tuschkopp
7. blanda till färg
8. riva färg
9. sugpapper (n)

sid. 233.
1. tvätta av ritningen med svamp
2. svamp
3. ritningen krymper
4. färgpenna
5. rödpenna
6. blåpenna
7. kalkera
8. vävkopia, kalk
9. kalkerpapper (n)
10. kalkerväv, kalkerduk

sid. 234.
1. ljuskopia
2. kopiepapper
3. blåkopia
4. vitkopia
5. kopieram
6. ljuskopieringsanstalt, blåkopieringsanstalt

XLI.
7. rörelse
8. geometrisk rörelselära, kinematik
9. rätlinig rörelse

sid. 235.
1. likformig rörelse
2. väg
3. hastighet
4. tid
5. olikformig rörelse, föränderlig rörelse
6. acceleration
7. retardation, negativ acceleration
8. begynnelsehastighet
9. sluthastighet
10. medelhastighet
11. likformigt accelererad rörelse

— 33 —

sid. 236.
1. likformigt retarderad rörelse
2. fritt fall
3. fallhöjd, hastighetshöjd
4. falltid
5. kasthöjd
6. kasttid
7. kroklinig rörelse
8. tangentialacceleration
9. normalacceleration, centripetalacceleration

sid. 237.
1. totalacceleration
2. tangentialkraft
3. normalkraft, centripetalkraft
4. centrifugalkraft
5. snett kast
6. kastvinkel
7. kastvidd
8. kasthöjd
9. kastbana
10. kasthastighet
11. ballistisk kurva

sid. 238.
1. vågrätt kast (n)
2. lodrätt kast (n)
3. ofri rörelse, bunden rörelse
4. banmotstånd
5. normalmotstånd
6. tangentialmotstånd
7. pendel
8. cirkelpendel
9. pendelutslag, amplitud

sid. 239.
1. utslagsvinkel
2. pendelsvängning
3. svängningstid
4. konisk pendel
5. cykloidpendel
6. lutande plan (n)
7. lutningsvinkel
8. hastighetsparallellogram [accelerationsparallellogram]

sid. 240.
1. upplösa en hastighet [acceleration] i komposanter
2. hastighetskomposant [accelerationskomposant]
3. sammansätta flera hastigheter [accelerationer] till en resultant
4. resulterande hastighet [acceleration]
5. translation, parallellrörelse
6. rotation, vridningsrörelse

sid. 241.
1. rotationsaxel, vridningsaxel

2. rotationsvinkel, vridningsvinkel
3. vinkelhastighet
4. vinkelacceleration
5. kraft
6. kraftens riktning
7. kraftens angreppspunkt
8. kraftparallellogram
9. resultant

sid. 242.
1. komposant
2. krafttriangel
3. kraftpolygon, kraftplan (n)
4. pol
5. polavstånd
6. linpolygon, tågpolygon
7. slutlinje
8. sluten kraftpolygon
9. krafterna hålla varandra i jämvikt

sid. 243.
1. kraftens P moment (n) med avseende på vridpunkten (axeln) O
2. kraftens P hävarm med avseende på vridpunkten (axeln) O
3. kraftpar (n)
4. kraftparets moment (n)
5. kraftparets vridningsaxel
6. statiskt moment (n)
7. tröghetsmoment (n)
8. ekvatorialt tröghetsmoment (n)

sid. 244.
1. polärt tröghetsmoment
2. tyngdpunkt
3. tyngdkraft, tyngd
4. jordacceleration
5. massa
6. jämvikt
7. jämviktsläge (n)
8. stabil jämvikt
9. labil jämvikt
10. indifferent jämvikt

sid. 245.
1. arbete (n)
2. effekt
3. hästkraft
4. arbetsförmåga, rörelseenergi, levande kraft
5. lagen om arbetets fortbestånd, levande kraftens princip
6. friktion
7. friktionskraft, friktionsmotstånd
8. friktionskoefficient
9. friktionsvinkel

sid. 246.
1. beröringsyta, friktionsyta

2. vilofriktion
3. glidningsfriktion
4. rullningsfriktion
5. friktionsarbete (n)
6. totala arbetet
7. nyttiga arbetet
8. verkningsgrad

sid. 247.

1. hållfasthet
2. hållfasthetslära
3. spänning
4. normalspänning
5. påkänning
6. en kropp är utsatt för dragning, tryck, böjning
7. tillåten påkänning
8. belastningssätt, belastningsfall

sid. 248.

1. vilobelastning
2. belastning, växlande från 0 till ∞
3. belastning, växlande från + ∞ till — ∞
4. formförändring
5. elastisk formförändring
6. formförändringsarbete
7. förlängning
8. tvärsnittskontraktion, tvärsnittsförminskning
9. töjning, förlängning per längdenhet

sid. 249.

1. töjningskoefficient
2. elasticitetsmodul
3. töjning vid brottgränsen
4. elastisk förlängning
5. kvarblivande förlängning, permanent förlängning
6. elastisk efterverkan
7. elasticitetsgräns
8. proportionalitetsgräns

sid. 250.

1. sträckgräns, flytgräns
2. dragning, sträckning
3. draghållfasthet
4. dragpåkänning
5. dragkraft
6. dragspänning
7. tryck (n)
8. tryckhållfasthet
9. tryckpåkänning

sid. 251.

1. tryckkraft
2. tryckspänning
3. böjning
4. böjningshållfasthet
5. böjningspåkänning
6. böjande moment

7. böjningsspänning
8. motståndsmoment

sid. 252.

1. nedböjning
2. avknäckning
3. knäckhållfasthet, avknäckningshållfasthet
4. knäckpåkänning, avknäckningspåkänning
5. skjuvning
6. skjuvhållfasthet
7. skjuvpåkänning
8. skjuvspänning
9. skjuvningskoefficient

sid. 253.

1. glidningsmodul
2. vridning
3. vridningspåkänning
4. vridande moment
5. förvridningsvinkel
6. maskin
7. maskindelar
8. tillverka en maskin
9. maskinkonstruktion, maskinbyggnad

sid. 254.

1. maskinfabrik, maskinverkstad, mekanisk verkstad
2. maskintillverkare, maskinfabrikant
3. maskiningenjör
4. verkmästare
5. förman
6. maskinarbetare, filare
7. uppsätta en maskin, montera en maskin

sid. 255.

1. uppsättning, montering
2. maskinuppsättare, montör
3. uppsättningsverkstad, monteringsverkstad
4. taga ned en maskin, demontera en maskin
5. nedtagning av en maskin, demontering av en maskin
6. sätta i gång en maskin
7. vara i gång
8. stoppa en maskin

sid. 256.

1. verkstad
2. verkbänk, filbänk, bänk
3. verktygslåda
4. verktyg (n)
5. handverktyg (n)
6. arbetsmaskin
7. kraftmaskin
8. verktygsmaskin

3. Alfabetisk index

A

acceleration 235.6.
-, negativ 235.7.
-, resulterande 240.4.
-, sammansätta flera
-er, till en resultant 240.3.
-, tangential 236.8.
-, total 237.1.
-, upplösa en - i komposanter 240.1.
-, ventilens 114.6.
-, centripetal- 236.9.
-, jord- 244.4.
-, kolv- 137.5.
-, normal- 236.9.
-, vinkel- 241.4.
-skomposant 240.2.
-sparallellogram 239.8.
accelererad rörelse, likformigt 235.11.
aducerat gjutjärn 212.4.
alligatorrörtång 110.6.
ambult 158.3, 159.5.
-, spets- 159.6.
amplitud 238.9.
angel 159.3.
-, såg- 185.6.
angreppspunkt, kraftens 241.7.
animaliskt smörjämne 51.2.
ankar bricka 15.8,
-bult 15.7, 44.3.
-kätting 91.9.
anlöpa 199.2.
anlöpning 199.3.
-sfärg 199.4.
ansats 37.7.
-, stagbult med 14.5.
-, rör- 108.10.
-, rör- med fläns 100.2.
-fil 172.2.
-höjd 37.8.
anskruva 18.7.
anslag, vinkelhake med 208.2.
-, ventil- 123.5.
-svinkel 208.2.

anstalt, blåkopierings- 234.6.
-, ljuskopierings- 234.6.
ansätta en kil 25.9.
- en skruv 19.7.
- en skruv så hårt att gängan deformeras 19.8.
- lagret 48.6.
- packdosan 134.4.
arbetare, maskin- 254.6.
arbete 245.1.
-t, nyttiga 246.7.
-t, totala 246.6.
-ts fortbestånd, lagen om 245.5.
-, formförändrings- 248.6.
-, friktions- 246.5.
-, kuggfriktions- 66.6.
arbets förmåga 245.4.
-hjul (kugghjul) 68.5.
-maskin 256.6.
-ritning 223.6.
-stycke, spänna fast ett - i skruvstycket 153.3.
arborra en cylinder 131.5.
arbor(r)maskin 131.6.
area, genomlopps- 113.2.
arm, hjulets 69.7.
-, svänghjulets 149.6.
-ar, remskiva med krökta 82.5.
-ar, remskiva med raka 82.4.
-, vev- 141.3.
-fil 172.3, 173.2.
-system, remskiva med dubbelt 82.6.
asbest||packning 135.5.
-snöre 135.6.
automatisk frånkoppling 60.1.
- smörjanordning 49.7.
- smörjning 49.6.

avbitartång 156.1.
avfila 171.6.
avhugga 165.6.
avhyvla 192.4.
avknäckning 252.2.
-shållfasthet 252.3.
-spåkänning 252.4.
avkylning, härdning genom 200.2.
avlasta ventilen 115.9.
avlastad slid 127.5.
avlastning, ventil- 115.10.
-sventil 116.1.
avlopp, olje- 55.5.
avlopps||klaff 124.5.
-kran 129.2.
-rör 109.3.
-ventil 122.3.
avlöpande part 76.7.
avmejsla 168.3.
avskrot 165.7.
avskruva 19.3.
avskärare, rör- 110.8.
avslå, slå av en rem från skivan 79.8.
avsticka en axel 37.3.
avstånd. kant- 27.7.
-, pol- 242.5.
-sbult 14.5, 14.6.
-srör 14.7.
-srör, stagbult med 14.6.
avstängningsventil, ång- 121.2.
avtappa oljan 55.6.
avtappning, olje- 55.5.
avtappnings||kran 129.8.
-sventil 122.6.
avvätta ritningen med svamp 233.1.
avvinda en lina 88.4.
axel 35.5.
-, byta ut en 34.10.
-, böjlig 36.3.
-, driva en - med rem 76.4.
-, fast 33.10.
-, fyrkantig 35.10.

axel, förskjutbar 34.3.
-, genomgående 35.11.
-, hopkopplad 34.1.
-, horisontal 36.1.
-, icke hopkopplad 34.2.
-, ihålig 35.9.
-, liggande 36.1.
-, massiv 35.8.
- med lösbar koppling 59.4.
- med vevsläng 36.9.
-, remmen ligger på -n 80.1.
-, roterande 33.11.
-, sticka av en - 37.3.
-, stående 36.2.
-, utbyte av 34.11.

axel, utryckbar 36.6.
-, vertikal 36.2.
-ar, svarva 35.3.
-ar, svarvarverkstad för 35.2.
-, cylinder- 130.2.
-, driv- 36.4.
-, hjul- 34.6.
-, kedjehjul- 91.5.
-, mellan- 36.5.
-, mellan- med friktionshjul 75.4.
-, mellan- med kugghjul 68.2.
-, omkastnings- 37.5.
-, rotations- 34.5, 241.1.
-, styr- 34.4, 37.4.
-, trum- 95.1.

axel, vev- 141.4.
-, vev-, tvåslängad37.2.
-, vridnings- 241.1.
-, vridnings-, kraftparets 243.5.
-brott 34.9.
-friktion 33.8.
-koppling 56.2.
-lager 33.4.
-ledning 35.4.
-muff 56.4.
-prov 34.8.
-regulator 151.8.
-skaft 33.6.
-svarv 35.1.
-tapp 33.3, 35.6.
-tryck 33.7.
axiellt kolvspelrum 136.4.

B

babbits 217.10.
-, fodra ett lager med vitmetall (-) 43.2.
back, broms- 96.4.
-broms 96.2.
-broms med kilspår 96.7.
backar, lösa 154.1.
-, gäng- 21.2.
bad, olje- 55.3.
bakslagsventil 121.3.
baktång 194.1.
bakåtslag, kolvens 137.10.
balanseraventilen 115.9.
balanserad slid 127.5.
balansering av ventilen 115.10.
balanseringsventil 116.1.
balk, I- 215.8.
-, T- 215.7.
-, U- 215.9.
-, Z- 215.10.
ballistisk kurva 237.11.
ban, hammarens160.4.
-, städets 158.4.
bana, banmotstånd 238.4.
-, friktion i -n 145.10.
-, normaltryck mot -n 145.9.
-, glid- 145.7.
-, kast- 237.9.
-, kätting- 91.10.
band, broms- 97.1.
-, mått- 221.4.
-broms 96.8.
-järn 215.4.
-kniv 195.3.
-koppling 61.6.

-koppling, Zodel-Voiths 61.6.
-såg 190.3.
banmotstånd 238.4.
barettfil 174.6.
baslinje 186.3.
bastardfil 172.4.
-huggning 170.2.
bearbetade kuggar 66.1, 2.
begränsning, slag- 114.2.
begränsningskon, slag- 114.3.
begynnelsehastighet 235.8.
behållare, olje- 51.8.
-, smörj-, roterande 54.8.
beklädnad, rör- 98.4.
belasta ventilen 120.3.
-, över- ventilen 120.5.
belastad, fjäder- ventil 119.4.
-, vikt- ventil 119.2.
belastning, växlande från 0 till+ ∞ 248.2.
-, växlande från + ∞ till — ∞ 248.3.
-en, justera ventil- 120.4.
-, fjäder-, säkerhetsventil med120.1.
-, ventil- 119.3.
-, vikt-, säkerhetsventil med 119.7.
-, vilo- 248.1.
-sfall 247.8.
-sfjäder 120.2.
-shävarm 119.9.
-sspänning, remdrift med 78.1.

-ssätt 247.8.
-svikt 119.8.
ben, passare med lösa 227.3.
-, passar- 226.9.
beröringsyta 246.1.
bessemerljärn 213.2.
-stål 213.9.
bestick, rit- 226.7.
bestrykning, rör- 98.3.
bestötfil 172.3, 173.2.
beteckning, sektions- 226.6.
betel, lock- 194.7.
betteljärn 159.8.
bila 191.6.
-, hand- 191.7.
blad, saxens 156.10.
-, såg- 185.5.
-fjäder 147.4, 6.
-, ritpapper 220.3.
blanda till färg 232.7.
blandningskran 129.3.
blindfläns 105.3.
block 93.8.
-, fast 93.9.
-, löst 94.1.
-, undre 94.3.
-, övre 94.2.
-, broms- 96.4.
-, skiss- 220.5.
-, såg- 190.7.
-bult 93.6.
-bygel 93.5.
-stropp 93.5.
-tapp 93.6.
-tyg 93.7.
-tyg, differential- 94.4.
-tyg, kätting- 94.7.
-tyg, rep- 94.6.
bly 217.1.

bly, gjuta - i skarven 101.8.
-fodral 229.3.
blyerts 230.2.
-, spetsa -en 230.3.
-fil 230.6.
-gummi 230.9.
-insats 227.4.
-passare 228.1.
-penna 230.2.
-ritning, göra en 226.1.
-spetsare 230.4.
-strigel 230.5.
bläckgummi 230.10.
bläster, smides- 167.1.
blå kopia 234.3.
-kopieringsanstalt 234.6.
-penna 233.6.
blåsbälg 167.2.
blåsrör 203.1.
-sprov 203.3.
bock, hänglager- 46.7.
-, lager- 47.2.
-, vägglager- 46.5.
bomullslina 86.10.
bord, rit- 218.7.
-, rit-, ställbart 219.1.
-sax 157.4.
borr 178.4, 182.1, 6.
- med ensidigt skär 180.1.
- med tvåsidigt skär 180.2.
-, bröst- 182.5.
-, centrum- 180.4.
-, drill- 182.2.
-, ecken- 182.7.
-, försänknings- 180.7.
-, hand- 179.6.
-, jord- 181.6.
-, långhåls- 181.5.
-, nav- 181.3.
-, pinn- 181.3.
-, slag- 181.7.
-, slät- 179.4.
-, snäck- 181.1.
-, snäck- med skaftöga 181.2.
-, spets- 180.3.
-, spik- 179.7.
-, spiral- 180.6.
-, spiral- med skaftöga 181.4.
-, tapp- 179.8.
-, trä- 180.8.
-, vev- 182.7.
-, vrick- 179.7.
-foder 178.5.
-hål 179.1.
-maskin 183.1.
-maskin, ar- 131.6.
-maskin, cylinder- 131.6.
-skaft, bröst- 182.5.

-skaft, drill- 182.2.
-skaft, drillbåge med 182.3.
-skaft, hand- 182.5.
-skaft med växel 182.7.
-sock 182.9.
-spindel 178.6.
-stolsskaft 182.8.
-sväng 182.5 och 8.
-verktyg 182.1.
borra 179.2.
- efter 179.3.
- ur 179.3.
- ur en cylinder 131.5.
borrning 179.5.
-, cylinderns 130.3.
-, lager- 40.3.
borstkoppling 61.3.
botten, cylinder-130.8.
-bussning 133.4.
-ring (packdosa) 133.5.
-stake 159.9.
-ventil 120.6.
box, expansions-104.4.
bredd, gängans 8.2.
-, inre (kättingring) 89.1.
-, skivans 81.10.
-, kil- 22.9.
-, kugg- 65.8.
-, rem- 76.8.
bricka, konisk 25.2.
-, ankar- 15.8.
-, mutter- 11.6.
-, underläggs- 11.6.
bringa i ingrepp 64.5.
- ur ingrepp 64.6.
broms 96.1.
-, back- 96.2.
-, back- med kilspår 96.7.
-, band- 96.8.
-, centrifugal- 97.3.
-, differential- 97.2.
-, kloss- 96.2.
-, skiv-, konisk 96.8.
-anordning 96.1.
-back 96.4.
-band 97.1.
-block 96.4.
-hävstång 96.5.
-kloss 96.4.
-kraft 96.6.
-skiva 96.3.
brons 217.6.
-, fosfor- 217.7.
-, kanon- 217.8.
-, klock- 217.9.
brott, axel- 34.9.
-, krans- 150.6.
-, rör- 110.4.
-gränsen, töjning vid 249.3.
brotsch 177.4.
-, konisk 177.9.

brotsch med raka spår 177.8.
- med spiralspår 177.7.
-, räfflad 177.8.
-, slipad 177.5.
-, maskin- 178.2.
-, spiral- 177.7.
-, tapp- 178.1.
-bult 13.10.
brotscha 178.3.
bryn e 197.3.
-, smärgel- 198.1.
-sten 197.3.
bräde, rit- 219.4.
brännare, löd- 201.10.
brännartång 156.7.
bröstborr 182.5.
-skaft 182.5.
buksåg 188.6.
bukthyvel 193.7.
bult, förse en - med sprint 14.9.
- med sprint 14.8.
- och muttertolk 206.1.
-, passa in en 14.1.
-ar, flänsförbindning med 98.8.
-ar, förbinda med 18.4.
-, ankar- 15.7, 44.3.
-, avstånds- 14.5, 6.
-, block- 93.6.
-, brotsch- 13.10.
-, fläns- 99.3.
-, fundament- 15.7, 44.3.
-, grund- 15.7, 44.3.
-, krans- 150.2.
-, kätting- 91.2.
-, länk- 14.3.
-, nav- 150.3.
-, pass- 13.10.
-, pinn- 13.8.
-, skruv- 11.2.
-, stag- med ansats 14.5.
-, stag- med avstånds-rör 14.6.
-, sten- 15.6.
-, ögle- 14.2.
-cirkel 99.4.
-diameter 11.8.
-hål 11.7.
-tillslutning, öppet hänglager med 47.1.
bunden rörelse 238.3.
bunt 36.7.
-, pålödd 100.6.
-ar, halstapp (med -) 38.5.
-ar, tapp med - 38.9.
-lager 41.4.
bussa ett lager 42.2.
bussning 42.1.
- för nollskivan 83.9.

bussning, sfärisk 45.7.
-, botten- 133.4.
-, lager- 42.1.
bygel, vevstakshuvud med 145.3.
-, block- 93.5.
-, excenter- 144.1.
-, fjäder- 147.7.
-, kättingstyr- 90.7.
-, styr- 116.9.
byggnad, maskin- 253.9.
byrå, konstruktions- 218.4.
byta ut en axel 34.10.
båge 189.4.
-, drill- 182.3. 4.
-, drill- med borrskaft 182.3.
-, ingrepps- 64.3.

bågfil 189.3.
-sställning 189.4.
bågsåg 189.3.
bälg 167.2.
-, blås- 167.2.
bänd, packdosan sätter sig i 134.5.
-, ventilen sätter sig i 114.7.
bänk 256.2.
-, fil- 172.1, 256.2.
-, hyvel- 193.9.
-, verk- 256.2.
-durkslag 169.3.
-hake 194.2.
-hammare 161.5.
-mejsel 168.1.
-sax 157.3.
-skruvstycke 153.2.
-städ 158.8.

-tving 154.5.
-yxa 191.4.
bär||lager 41.5.
-tapp 38.4.
-yta, kilens 23.2.
böja till en vevsläng 37.1.
böjande moment 251.6.
böjlig axel 36.3.
böjning 251.3.
-, en kropp är utsatt för - 247.6.
-, ned- 147.5, 252.1.
-sfjäder 147.3.
-shållfasthet 251.4.
-spåkänning 251.5.
-sspänning 251.7.
-stång, plåt- 156.4.

C

cardanisk led 62.2.
cementstål 214.2.
centralsmörjanordning 50.3.
centralsmörjning 50.2.
centrifugal broms 97.3.
-kraft 237.4.
-regulator 151.5.
-smörjning 54.9.
centripetalaccelera- tion 236.9.
centripetalkraft 237.3.
centrum||borr 180.4.
-linje 225.3.
-lod 209.2.
-spets 180.5.
-stift 228.7.
cirkel 206.7. 226.8.
-, bult- 99.4.
-, delnings- 63.5, 67.2.
-, fjäder- 207.1.
-, fjäderkrum- 207.1.
-, fjäderkrum-för mätning av gängor 207.2.
-, fot- 63.7, 206.9.
-, grund- 67.2.
-, huvud- 63.6.
-, krum- 206.8, 207.3.

cirkel, punkt- 228.4.
-, rullnings- 67.3.
-, spets- 207.4.
-, stick- 207.4.
-, stång- 228.6.
-pendel 238.8.
-rits 207.8.
-slid 126.8.
-såg 190.4.
cirkulär sektion, fjäder med 148.6.
corliss-slid 126.7.
cykloid 66.9.
-, epi- 66.8.
-, hypo- 66.10.
-, peri- 67.1.
-kuggning 66.7.
-pendel 239.5.
cylinder 130.1.
-, borra ur en 131.5.
-, dubbelt verkande 132.1.
-, enkeltverkande 131.8.
-, svarva ur en 131.3.
-, svarva ur en sliten 131.4.
-n hålles tät medelst en packdosa 135.1.

-ns borrning 130.3.
-ns inre diameter 130.3.
-, press- 132.4.
-, pump- 132.3.
-, smärgel- 198.4.
-, ång- 132.2.
-axel 130.2.
-borrmaskin 131.6.
-botten 130.8.
-diameter 130.3.
-klädsel 131.2.
-lock 130.5.
-mantel 130.4.
-olja 51.6.
-packdosa 131.1.
-smörjkopp 53.6.
-smörjning 131.7.
-stickmått 205.4.
-tolk 205.8.
-vägg 130.4.
cylindrisk kuggväxel 68.6.
- (skruv-)fjäder 148.3.
- tapp 39.2.
-t friktionshjul 73.6.
-t kugghjul 69.1.
-t skruvhjul 71.8.

D

degelgjutstål 214.4.
delad remskiva 83.3.
delat hjul 69.9.
delning 63.4, (kätting) 88.10.
-, kugg- 63.4.
-, nit- 27.6.
-scirkel 63.5. 67.2.

delningspassare 228.3.
deltametall 217.11.
demontera en maskin 255.4.
demontering av en maskin 255.5.
detaljförteckning 223.7.

detaljritning 223.5.
dexel (krum) 191.8.
diagram, ventillyftnings- 115.8.
diameter, cylinderns inre 130.3.
-, inre 69.6.
-, rörets inre 97.6, 7.

diameter, skruvens
yttre 8.4.
-, bult- 11.8.
-, cylinder- 130.3.
-, fläns- 99.1.
-, inlopps- 112.5.
-, kolv- 136.2.
-, kärn-, skruvens 8.3.
-, lager- 40.3.
differential||blocktyg
94.4.
-broms 97.2.
-skiva 94.5.
dikta 31.1.
diktmejsel 31.2.
direkt kopplad till 62.7.
diskus||skiva 74.3.
-växel 74.2.
djup, gängans 8.1.
-, muffens 101.6.
-, packningens 101.7.
-, ingrepps- 75.3.
-, kontakt- 75.3.
-mått 205.6.
dosa (packdosa) 132.8.
-, pack- 132.5.
dosvattenpass 209.1.
drag||hållfasthet 250.3.
-kraft 250.5.
-påkänning 250.4.
-spänning 250.6.
-stans 30.8.
draga en skruv 19.6.
-, rör 103.5.
- veven 142.9.
drag||en part 76.1.
-et rör 103.4.
-et rör, hel- 103.4.
dragning 250.2.
-, en kropp är utsatt
för - 247.6.

dragning, kilens 22.1.
dragstift 229.6.
-et, slipa 230.1.
-, dubbel- 229.8.
-, kurv- 229.7.
-, pricknings- 229.9.
-, punkterings- 229.9.
-insats 227.5.
dragtång 156.5.
drev (kugghjul) 68.7.
-, kuggstång och hjul(-)
70.6.
-, kätting- 90.5.
drift, rem- 77.4.
-, rem- med belast-
ningsspänning 78.1.
-, rem- med spännrulle
78.1.
drillborr 182.2.
-skaft 182.2.
drillbåge 182.3, 4.
- med borrskaft 182.3.
driv||anordning med
lösbar koppling
58.7.
-axel 36.4.
-hammare 162.7,
163.1.
-hjul (kugghjul) 68.7.
-lina 87.6.
-rem 80.5.
-skiva 75.6.
driva en axel med rem
76.4.
- in en kil 25.8.
- in en nit 30.7.
drivande skiva 75.6.
driven skiva 75.7.
dropp||kopp 44.6, 52.9.
-munstycke 54.7.
-näsa 52.7.

droppsmörjkopp 54.6.
dubb 38.7.
-lager 40.8.
-panna 40.9.
dubbel||dragstift 229.8.
-gradig huggning
170.5.
-gänga 9.2.
-hake 92.6.
-hyvel 192.7.
-järn 192.8.
-järn, hyvel med 192.7.
-kil 24.6.
-krok 92.6.
-muff 105.5.
-punkthuggning 67.5
-rem 80.2.
- ringventil 118.4.
- skarvplåtsnitning
29.2.
- skruvnyckel 17.1.
-slag av kolven 137.8.
-t armsystem, remski-
va med 82.6.
-t verkande cylinder
132.1.
dubbla säten, ventil
med 118.7.
duk, kalker- 233.10.
-, smärgel- 197.10.
durkplåt 216.5.
durkslag 161.8, 168.7.
-, bänk- 169.3.
-, hand- 169.2.
dykarkolv 140.4.
död||gång (skruvens)
10.9.
-läge 140.9.
-punkt 141.1.
-punktsläge 140.9.

E

eckenborr 182.7.
effekt 245.2.
-regulator 152.5.
efter||borra 179.3.
-skava 177.3.
-skuren fräs 183.5.
-ställa lagret 48.6.
-ställbar lagerskål
42.5.
-verkan, elastisk 249.6.
egg 190.9.
- (lager) 46.2.
-lager 46.1.
-vinkel 118.5.
ekvatorialt tröghets-
moment 243.8.
elasticitets||gräns
249.7.
-modul 249.2.

elastisk efterverkan
249.6.
- formförändring
248.5.
- förlängning 249.4.
- koppling 58.5.
eldrör 108.1.
elektromagnetkopp-
ling 61.5.
energi, rörelse- 245.4.
engradig huggning
170.4.
enkel gänga 9.1.
- ringventil 118.3.
- skarvplåtsnitning
29.1.
- skruvnyckel 16.8.
enkeltverkande cylin-
der 131.8.

enmansvev 142.5.
enradig nitning 29.5.
ensidigt skär, borr med
180.1.
enskärig nitning 28.3.
epicykloid 66.8.
evolvent 67.9.
-kuggning 67.8.
excenter 143.4.
-bygel 144.1.
-friktion 144.4.
-ring 144.1.
-rörelse 144.5.
-skiva 143.6.
-skiva, odelad 143.7.
-skiva, tudelad 143.8.
-stång 144.2.
-tryck 144.3.
excentricitet 143.5.

excentrisk 144.6.
expansions||box 104.4.
-koppling 58.4.

expansionspackdosa
104.4.
-rör 104.1.

explosion, svänghjuls-
150.5.

F

fabrik, maskin- 254.1.
fabrikant, maskin-
254.2.
faff 159.9.
fall, fritt 236.2.
-, belastnings- 247.8.
-höjd 236.3.
-tid 236.4.
falshyvel 193.5.
fasonfräs 184.8.
fast axel 33.10.
- block 93.9.
- fläns 100.4.
- koppling 56.3.
- och lös skiva 83.6.
- remskiva 83.7.
- rulle 93.3.
-kila 25.6.
fasta skivan, skjuta
över remmen från
nollskivan på - 84.1.
fast||skruva 18.9.
-spänna ett arbetsstyc-
ke i skruvstycket
153.3.
fel. konstruktions-
222.5.
-, svets- 165.4.
-, väll- 165.4.
fet sand, gjutning i
211.7.
fett, konsistens- 50.6.
-, lin- 86.4.
fil 169.7.
-, halvrund 174.5.
-, medelfin 172.4.
-, omhuggen 171.3.
-, spetsflat 173.7.
-, spetsig 173.6.
-, trubbig 173.5.
-, trubbig flat- 174.1.
-ar, hugga 170.8.
-ar, hugga om 171.2.
-ar, härda 171.4.
-ens huggning 170.1.
-, ansats- 172.2.
-, arm- 172.3, 173.2.
-, barett- 174.6.
-, bastard- 172.4.
-, bestöt- 172.3, 173.2.
-, blyerts- 230.6.
-, båg- 189.3.
-, finslät- 172.7.
-, flat- 172.2, 173.4.
-, fyrkant- 172.3,
174.3.
-, förslät- 172.6.

fil, grov- 173.3.
-, hand- 172.2.
-, instryks- 175.4.
-, kniv- 175.1.
-, nål- 175.5.
-, puts- 173.1.
-, rund- 174.4.
-, rund- (grad) 176.1.
-, scharnér- (invändig)
175.3.
-, scharnér- (utvändig)
175.6.
-, skrubb- 173.3.
-, skår- 175.4.
-, slät- 172.5.
-, svärd- 175.2.
-, såg- 175.7.
-, trekant- 174.2.
-, välts- 174.7.
-bänk 172.1, 256.2.
-huggare 170.9.
-huggningshammare
170.11.
-huggningsmejsel
170.10.
-huggningsstäd 171.1.
-härdning 171.5.
-klove 154.6.
-klove med smal mule
154.8.
-skaft 169.8.
-spån 171.8.
-stoft 171.9.
-tag 171.7.
fila 171.6.
- av 171.6.
filare 254.6.
filta, veken -r ihop sig
54.4.
fin gänga 10.7.
- huggning 170.3.
-slätfil 172.7.
-het, gängans 10.8.
-kornighet, slipstenens
197.2.
-måta 204.1.
-mätning 204.2.
-skära en gänga 20.1.
fjäder 25.4, 147.2.
-, cylindrisk (skruv-)
148.3.
-, konisk (skruv-)
148.4.
- med cirkulär sektion
148.6.
- med rektangulär sek-
tion 148.5.

fjäder och spår 25.3.
-, sammantrycka en
148.8.
-, sträcka en 148.9.
-ns antal vindlingar
149.2.
-ns sammantryckning
148.7.
-, belastnings- 120.2.
-, blad- 147.4, 6.
-, böjnings- 147.3.
-, förstärknings-, na-
vets 69.5.
-, förstärknings-, rin-
gens 69.3.
-, regulator- 152.3.
-, spiral- 148.1.
-, vagns- 147.6.
-, ventil- 119.5, 120.2.
-, vridnings- 148.2.
-belastad ventil 119.4.
-belastning, säkerhets-
ventil med 120.1.
-bygel 147.7.
-cirkel 207.1.
-fäste 147.9.
-krumcirkel 207.1.
-krumcirkel för mät-
ning av gångor
207.2.
-regulator 152.2.
-rör 104.2.
-rör, korrugerat 104.3.
-varv 149.1.
-vindling 149.1.
fjädra 149.3.
fjädring 147.5.
fjärilsventil 126.8.
flacktång 155.5.
flank, kugg- 64.10.
flaskor, gjutning i
211.5.
flat, spets- fil 173.7.
flatfil 172.2, 173.4.
-, trubbig 174.1.
flathammare 161.9.
flatmejsel 167.5.
flerdubbel gänga 9.4.
- rem 80.3.
- ringventil 118.5.
fler||gängad skruv 16.3.
-radig nitning 29.7.
-skärig nitning 28.6.
flytande smörjmedel
50.5.
(-) tusch 231.3.
flytgräns 250.1.

fläns 98.10.
-, fast 100.4.
-, lös 100.5.
- med nedsvarvat spår för packningen 100.1.
- med nedsvarvning för packningen 99.8.
-, pålödd 100.8.
-, pånitad 100.7.
-, påskruvad 100.9.
-, röransats med 100.2.
-, rör med krage och lös 103.8.
-, rörstuts med 100.2.
-en, nitens avstånd från 30.4.
-, blind- 105.3.
-, gland- 132.7.
-, rör- 98.10.
-, skål- 43.3.
-, vinkeljärns- 100.3.
-bult 99.3.
-diameter 99.1.
-förbindning 98.7.
-förbindning med bultar 98.8.
-mutter 12.8.
-nitning 29.4.
-nyckel 101.1.
-packning 99.6.
-rör 98.9.
-rör, kam- 104.5.
-tjocklek 99.2.
foder, (lager) 42.6.
-, borr- 178.5.
-, käft- 153.6.
fodra ett lager 43.1.
fodra ett lager med vitmetall (babbits) 43.2.
fodral, bly- 229.3.
fog, löd- 201.4 och 5.
-, svets- 165.2.
-, väll- 165.2.
-svans 188.7.
formförändring 248.4.
-, elastisk 248.5.
-sarbete 248.6.
form||maskin för hjul 73.1.
-stycke 105.4.
fort||bestånd, lagen om arbetets 245.5.
-varo, ingreppets 64.4.
fosforbrons 217.7.
fot, -ens höjd (kugg-hjul) 65.4.
-ens längd (kugghjul) 65.4.
-, kugg- 65.3.
-, lager- 43.7.
-, passar- 226.10.
-cirkel 63.7, 206.9.
-mått 220.10.

fotpassare 206.9.
-platta 43.9.
-skruv (lager) 43.8.
framåtslag, kolvens 137.9.
frihandsskiss 222.10.
friktion 245.6.
- i banan 145.10.
-, axel- 33.8.
-, excenter- 144.4.
-, glidnings- 246.3.
-, kolv- 137.6.
-, kugg- 66.5.
-, kätting- 89.3.
-, lin- 86.2.
-, packdos- 134.3.
-, rullnings- 246.4.
-, tapp- 33.9, 38.1.
-, vilo- 246.2.
-sarbete 246.5.
-sarbete, kugg- 66.6.
-shjul 73.4.
-shjul, cylindriskt 73.6.
-shjul, koniskt 74.1.
-shjul, mellanaxel med 75.4.
-skoefficient 245.8.
-skon, kopplingsskiva (med -) 61.2.
-skoppling 60.7.
-skraft 245.7.
-smotstånd 245.7.
-srulle 74.4.
-srullar, koniska (med mellanliggande rem-ögla) 74.5.
-sskiva 74.3.
-sspärr 95.8.
-svinkel 245.9.
-sväxel 73.3.
-syta 246.1.
fritt fall 236.2.
frontvy 224.2.
frånkoppla 59.6, 63.1.
-, till och 84.2.
frånkoppling 59.7.
-, automatisk 60.1.
- (av tänderna) 60.4.
-sanordning 58.8.
frånslå kopplingen 59.6.
fräs 183.2.
-, efterskuren 183.5.
- med insatta tänder 183.4.
- med lösa tänder 183.4.
-, fason- 184.8.
-, gäng- 20.8.
-, kugg- 184.5.
-, pinn- 184.3.
-, plan- 184.1 och 4.
-, profil- 184.8.
-, rör- (yttre) 184.7.
-, skiv- 183.6.

fräs, slits- 184.2.
-, snäck- 184.6.
-, spår- 183.7.
-klinga 184.2.
-maskin 185.2.
-maskin, kugg- 73.2.
-tand 183.3.
fräsa 184.9.
- kilspår 23.7.
-, ur- 184.9.
fräsning 185.1.
frästa kuggar 66.2.
full storlek, rita i 218.2.
fundament 16.2.
-sbult 15.7, 44.3.
fuxsvans 188.7.
fyr 166.4.
-, nagel- 33.1.
fyr||kantfil 172.3,174.3.
-kantig axel 35.10.
-kantigt huvud 12.1.
-kantjärn 215.1.
-vägskran 129.1.
-vägsstycke 106.8.
fågeltunga 174.8.
fältässja 167.3.
färg 232.2.
-, blanda till 232.7.
-, riva 232.8.
-, anlöpnings- 199.4.
-, vatten- 232.3.
-låda 232.1.
-penna 233.4.
-tub 232.4.
fästa med skruvar 18.9.
fäste, fjäder- 147.9.
fäst.nit 27.3.
-skruv 13.4.
förankra 18.6.
förband, kil- 22.5.
-, nit- 27.4.
-, skruv- 11.1.
förbinda med bultar 18.4.
- med skruvar 18.5.
förbindning, fläns- 98.7.
-, fläns- med bultar 98.8.
-, kil- 22.5.
-, krans- 150.1.
-, länk- 61.8 och 9.
-, muff- 101.2.
-, rör- 98.5.
-, skruv- 11.1.
-, stång- 61.7.
fördelningsslid 126.9.
förgrening, rätvinklig 106.2.
-, spetsvinklig 106.3.
-, rör- 106.1.
förhartsas, oljan 50.10.

förhartsning, oljans 51.1.
förkorta remmen 79.4.
förlängning 248.7.
-, elastisk 249.4.
-, kolvstångens 136.7.
-, kvarblivande 249.5.
- per längdenhet 248.9.
-, permanent 249.5.
-sstycke 227.8.
förman 254.5.
(förminskad) skala, rita i 218.3.
förminskning, tvärsnitts- 248.8.
förminskning‖smuff 107.1.
-srör 105.9.

förminskningsvinkel 107.6.
förmåga, arbets- 245.4.
förse en bult med sprint 14.9.
förskjutbar axel 34.3.
- kopplingshalva 59.1.
- muff 59.1.
förskärningsvinkel 186.1.
förslätfil 172.6.
förstärkningsfjäder, navets 69.5.
-, ringens 69.3.
försänka en nit 30.6.
försänkare 180.7.
försänkningsborr 180.7.

försänkningsvinkel 26.6.
försänkt huvud (skruven) 12.3.
- krysskil 23.10.
-, nit med - huvud 26.8.
-, skruv med - huvud och mutter 14.4.
förteckning, detalj- 223.7.
förtent plåt 216.7.
förvrida en skruv 19.8.
förvridningsvinkel 253.5.
föränderlig rörelse 235.5.
förändring, form- 248.4.

G

gaffel, kopplings- 59.3.
-, rem- 84.4.
-tapp 39.5.
-tolk 205.5.
Galls kedja 91.3.
- kätting 91.3.
galvaniserad plåt 216.7.
garvstål 214.3.
gas‖gänga 10.6.
-kran 129.6.
-ledning 110.1.
-ledning, slussventil för - 126.5.
-lödkolv 201.9.
-rör 107.8.
-slid 126.5.
gejd 145.5, 146.4.
-, tvärstycks- 146.4.
genom‖blåsningsventil 122.5.
-gående axel 35.11.
-gångskran 128.7.
-gångsventil 117.8.
-lopp 112.6.
-loppsarea 113.2.
-loppsöppning 113.1.
geometrisk rörelselära 234.8.
getfot 195.2.
gjut‖gods, stål- 212.3.
-järn 211.3.
-järn, aducerat 212.4.
-järn, remskiva av 82.7.
-järnsrör 101.9.
-stål, degel- 214.4.
gjuta bly i skarven 101.8.
gjutning i fet sand 211.7.
- i flaskor 211.5.

gjutning i kokiller 212.2.
- i lera 212.1.
- i mager sand 211.8.
- i sand 211.6.
- i torr sand 211.7.
- i våt (rå) sand 211.8.
- i öppen sand 211.4.
-, kokill- 212.2.
gland 132.6.
-fläns 132.7.
glas, vattenstånds- 111.4.
-hårdhet 199.7.
-rör 111.4.
-rörshus 111.3.
-rörshållare 111.3.
-rörskran 111.5.
-rörsställ 111.2.
-smörjkopp 53.9.
glid‖bana 145.7.
-sko 146.6.
-stycke 143.3, 145.6.
-stång 146.3.
-yta 145.8.
glidningsfriktion 246.3.
glidningsmodul 253.1.
gods, rörets 97.8.
-tjocklek 98.1.
grad, hårdhets- 199.9.
-, olikformighets- 149.8.
-, under- 170.7.
-, verknings- 246.8.
-, över- 170.6.
-mejsel 167.5.
-sax 157.6.
-skiva 229.4.
-skiva, vinkel- 229.5.
grenrör 106.4.
gripa in 63.8.

grov‖fil 173.3.
-plåt 216.4.
grund 16.2.
-bult 15.7, 44.3.
-cirkel 67.2.
-kon 70.9.
grått tackjärn 210.5.
gräns, elasticitets- 249.7.
-, flyt- 250.1.
-, proportionalitets- 249.8.
-, sträck- 250.1.
-tolk 206.4.
(gul-)metall 217.5.
guld 217.2.
gummi, blyerts- 230.9.
-, bläck- 230.10.
-, rader- 230.8.
-, tusch- 230.10.
-klaffventil 123.4.
-packning 135.7.
gå varmt, en maskins lager -r varmt 48.2.
gång, sätta i - en maskin 255.6.
-, vara i - 255.7.
gänga (subst.) dubbel 9.2.
-, enkel 9.1.
-, fin 10.7.
-, finskära en 20.1.
-, flerdubbel 9.4.
-, kvadratisk 9.7.
-, platt 9.7.
-, rektangulär 9.7.
-, rund 10.2.
-, skarp 9.5.
-, tredubbel 9.3.
-, triangulär 9.3.
-, -ns bredd 8.2.
-, -ns djup 8.1.

gänga, -ns finhet
10.8.
-, -or, fjäderkrumcirkel
  för mätning av
  207.2.
-, -or, skruven har x -
  per tum 7.6.
-, -or, skära 19.9.
-, -or, skära - med tapp
  21.4.
-, gas- 10.6.
-, höger- 8.6.
-, mutter- 10.5.
-, skruv- 7.7.
-, trapets- 10.4.
-, vänster- 8.8.
gänga (verb) 19.9.

gänga för hand 19.10.
- med tapp 21.4.
- skruvar med svarv-
  stål 20.4.
gängad huv 105.2.
- muff 56.7, 106.9.
- muff, muffkoppling
  med 56.6.
- rörskarv 98.6.
-, höger- 8.7.
-, platt- 10.1.
-, rund- 10.3.
-, skarp- 9.6.
-, vänster- 8.9.
gängade ändar, inre
  skarvrör med 107.3.
gäng||backar 21.2.

gängfräs 20.8.
-kloppa 21.1.
-kloppa (mindre) 20.9.
-mätare 206.2.
-skiva 20.2.
-skiva, skära skruvar
  med 20.3.
-skärningsmaskin 21.5.
-stål 20.5.
-stål, invändigt 20.6.
-stål, mutter- 20.6.
-stål, skruv- 20.7.
-stål, utvändigt 20.7.
-tapp 21.3.
-tolk 206.1, 2.
göt||järn 213.1.
-stål 213.8.

H

hake 92.1.
- (kilen) 23.9.
-, bänk- 194.2.
-, dubbel- 92.6.
-, kil- 24.8.
-, spärr- 95.7.
-, vinkel- 208.1, 219.8.
-, vinkel- med anslag
  208.2.
hak||kil 23.8.
-kropp 92.4.
-käft 92.2.
-kätting 90.4.
-mått 205.5.
-nyckel 17.7.
hals||lager 41.7.
-tapp 35.7.
-tapp (med buntar)
  38.5.
halva, förskjutbar
  kopplings- 59.1.
halverat tackjärn
  210.6.
halv||fast smörjmedel
  50.6.
-försänkt huvud, nit
  med 26.9.
-grått tackjärn 210.6.
-korsad rem 77.7.
-krök 105.7.
-rund fil 174.5.
-vitt tackjärn 210.6.
hammare 160.3.
- med kluven pen
  162.3.
- med krysspen 162.1.
- med kulpen 162.2.
- med spikutdragare
  162.3.
-ns ban 160.4.
-ns pen 160.5.
-ns skaft 160.6.
-, bänk- 161.5.
-, driv- 162.7, 163.1.

hammare, filhugg-
  nings- 170.11.
-, flat- 161.9.
-, hand- 161.4.
-, koppar- 163.8.
-, kul- 162.2.
-, käl- 162.6.
-, lock- 161.8, 163.3.
-, nit- 32.1.
-, pannstens- 163.4.
-, pinn- 163.2.
-, rikt- 161.6.
-, slät- 162.5.
-, smides- 161.1.
-, spets- 161.8.
-, spik- 196.3.
-, sträck- 161.2.
-, sänk- 163.5.
-, sätt- 32.2, 162.4.
-, trä- 163.6.
-, tvärspens- 161.6,
  162.1.
-, verkstads- 160.9.
-, zink- 163.7.
hammarkolv 201.7.
hamra 160.7.
-, kall- 160.8, 164.1.
hamrat huvud, nit
  med 27.2.
hamring, härdning ge-
  nom 200.3.
hamp||lina 86.9.
-linskiva 87.4.
hamppackning 135.3.
-, kolv med 138.4.
hampsnöre 135.4.
hand, gänga för 19.10
hand||bila 191.7.
-borr 179.6.
-borrskaft 182.5.
-durkslag 169.2.
-fil 172.2.
-hammare 161.4.
-hyvel 193.3.

hand||mejsel 167.9.
-nitning 31.5.
-sax 157.7.
-smörjanordning 49.5.
-smörjning 49.4.
-såg 188.1.
-tag, kran- 17.6.
-tag, vev- 142.4.
-verktyg 256.5.
-vev 142.3.
-yxa 191.3.
Harris' remlås 81.6.
haspelhjul 90.6.
hastighet 235.3.
-, resulterande 240.4.
-, upplösa en - i kom-
  posanter 240.1.
-er, sammansätta flera
  - till en resultant
  240.3.
-, begynnelse- 235.8.
-, kast- 237.10.
-, kolv- 137.4.
-, medel- 235.10.
-, slut- 235.9.
-, vinkel- 241.3.
-shöjd 236.3.
-skomposant 240.2.
-sparallellogram 239.8.
-sregulator 152.4.
hell||draget rör 103.4.
-krök 105.6.
hetta, svets- 165.3.
-, väll- 165.3.
hisslina 87.8.
hjul, delat 69.9.
-, formmaskin för 73.1.
-, kuggstång och -
  (drev) 70.6.
- med inre kuggning
  70.2.
- med träkuggar 72.1.
- med vinkelkuggar
  70.3.

hjul, nittio graders
71.4.
-, sprängt 69.10.
-, sätta in träkuggar i
ett - 72.7.
-en sjunga 72.8.
-ets arm 69.7.
-ets krans 69.2.
-ets nav 69.4.
-ets ring 69.2.
-, arbets- (kugghjul)
68.5.
-, driv- (kugghjul)
68.7.
-, friktions- 73.4.
-, friktions-, cylind-
riskt 73.6.
-, friktions-, koniskt
74.1.
-, friktions-, mellan-
axel med 75.4.
-, haspel- 90.6.
-, hyperboloid- 71.9.
-, hål- 70.2.
-, kedje- 91.4.
-, kil- 74.7.
-, kraft- (kugghjul)
68.4.
-, kugg- 63.3.
-, kugg-, cylindriskt
69.1.
-, kugg- koniskt 71.2.
-, kugg-, mellanaxel
med 68.2.
-, kugg-, rätvinkligt
koniskt 71.4.
-, kätting- 88.7, 90.6.
-, pil- 70.3.
-, plan- 74.3.
-, punkter- 229.2.
-, sats- (kugghjul)
68.3.
-, skruv- 71.6 och 8.
-, skruv-, cylindriskt
71.8.
-, skruv och skruv-
71.5.
-, snäck- 71.6.
-, spärr- 95.6.
-, spärr- och spärr
(klinka) 95.5.
-, sväng- 149.4.
-, sväng- med kuggar
150.4.
-, sväng-, tudelat
149.9.
-axel 34.6.
-axel, kedje- 91.5.
-säte 33.5.
hjärtformigt skavstål
176.7.
hopfilta sig, veken fil-
tar ihop sig 54.4.
hopkoppla 62.5.
hopkopplad axel 34.1.

hoplimma 196.7.
- remmen 80.10.
hop||limmad rem 80.9.
-löda 200.7.
-nitat rör 102.3.
-skruva 19.2.
-spika 196.1.
-svetsa 165.1.
-sy remmen 81.2.
-sydd rem 81.1.
-välla 165.1.
hoppa av, remmen -r
av skivan 79.5.
horisontal axel 36.1.
- projektion 224.6.
- rem 78.4.
horn, städ med 158.9.
-, städets 159.1.
-, sparr- 159.2.
-, sparr- med två -
159.4.
hovtång 156.2 och 3.
huv 105.2.
-, gängad 105.2.
-mutter 13.1.
huvud (kilen) 23.9.
- (skruven) 11.4.
-, fyrkantigt 12.1.
-, försänkt (skruven)
12.3.
-, kil med 23.8.
-, nit med försänkt
26.8.
-, nit med halvförsänkt
26.9.
-, nit med hamrat 27.2.
-, nit med skålformigt
27.1.
-, nitens 26.3.
-, runt (skruven) 12.2.
-, sexkantigt 11.10.
-, T-formigt (skruven)
12.4.
-, vinkellinjalens
219.6.
-ets höjd (kugghjul)
65.2.
-ets längd 65.2.
-ets väg under ingrep-
pet 64.7.
-, kran- 127.9.
-, kugg- 65.1.
-, länk- 91.1.
-, passar- 227.2.
-, slut- 26.5.
-, sätt- 26.4.
-, vevstaks- 144.9.
-, vevstaks- med bygel
145.3.
-, vevstaks- av sjö-
maskinstyp 145.2.
-, vevstaks-, slutet
145.1.
-, vevstaks-. öppet
145.2.

huvud||cirkel 63.6.
-mått 225.8.
hugg||järn 194.6.
-pipa 169.4.
hugga filar 170.8.
- om filar 171.2.
- ut hål 169.6.
- ut nitar 31.3.
-, av- 165.6.
huggare, fil- 170.9.
huggning, dubbelgra-
dig 170.5.
-, engradig 170.4.
-, filens 170.1.
-, fin 170.3.
-, medelfin 170.2.
-, bastard- 170.2.
hus, ventil-ets längd
113.9.
-, glasrörs- 111.3.
-, kran- 111.3, 127.10.
-, ventil- 112.2, 125.2.
hylla, vägg- 47.6.
hylsa, regulator- 151.1.
-, styr- 146.2.
hyls||förskjutning, re-
gulatorns 151.2.
-nyckel 17.4.
hyperboloidhjul 71.9.
hypocykloid 66.10.
hyvel 191.10.
- med dubbeljärn
192.7.
-, bukt- 193.7.
-, dubbel- 192.7.
-, fals- 193.5.
-, hand- 193.3.
-, käl- 193.8.
-, list- 193.8.
-, not- 193.6.
-, sims- 193.4.
-, skepps- 193.7.
-, skrubb- 192.10.
-, slät- 193.1.
-bänk 193.9.
-hål 192.5.
-järn 191.12.
-maskin 194.3.
-spån 192.6.
-stock 191.11.
hyvla 192.2 och 3.
- av 192.4.
hyvlade kuggar 66.1.
hyvling 192.5.
hål, hugga ut 169.6.
-, locka 169.6.
-, slå ut 169.6.
-, borr- 179.1.
-, bult- 11.7.
-, hyvel- 192.1.
-, kil- 23.1, 192.1.
-, nagel- 26.7.
-, nit- 26.7.
-, smörj- 44.4, 52.5.
-, spik- 196.2.

håll|hjul 70.2.
-järn 195.1.
-klinka 205.7.
-pipa 169.4.
-sax 158.1.
-tolk 205.7.
-tång 169.5.
hålla tät, cylindern
  hålles tät medelst
  en packdosa 135.1.
hållare, glasrörs-
  111.3.
-, tusch- 231.9.
hållfasthet 247.1.
-, avknäcknings-
  252.3.
-, böjnings- 251.4.
-, drag- 250.3.
-, knäck- 252.3.
-, skjuv- 252.6.
-, tryck- 250.8.
-slära 247.2.
hårdhet 199.5.
-, naturlig 199.6.
-, glas- 199.7.
-sgrad 199.9.
-sskala 199.8.
hårdlod 202.7.

hård|lödning 201.3.
-lött rör 102.8.
-smält lod, lödning
  med 201.3.
hårsida, remmens 77.2.
häftstift 220.6.
hänga upp sig, venti-
  len -er upp sig 114.8.
hängare, rör- 109.7.
hänglager 46.6.
-, slutet 46.8.
-, öppet 46.9.
-, öppet - med bulttill-
  slutning 47.1.
-bock 46.7.
-stol 46.7.
härd 166.2.
härda 198.9.
- filar 171.4.
härdning 199.1.
- genom avkylning
  200.2.
- genom hamring
  260.3.
- i olja 200.4.
- i vatten 200.5.
-, fil- 171.5.
-, sätt- 200.1.

härdning, yt- 200.1.
-spulver 199.10.
-sspricka 199.11.
hästkraft 245.3.
hävarm, belastnings-
  119.9.
-, kraftens - med avse-
  ende på vridpunk-
  ten (axeln) O 243.2.
hävstång, broms- 96.5.
-, regulator- 151.3.
-ssax 157.2.
högergänga 8.6.
högergängad 8.7.
höjd, fotens (kugghjul)
  65.4.
-, huvudets (kugghjul)
  65.2.
-, kolvens 136.3.
-, ansats- 37.8.
-, fall- 236.3.
-, hastighets- 236.3.
-, kast- 236.5, 237.8.
-, kil- 22.8.
-, kugg- 65.5.
-, pil- (remledning)
  76.2.
hörnventil 117.9.

I

I-balk 215.8.
icke hopkopplad axel
  34.2.
ihålig axel 35.9.
I-järn 215.8.
indifferent jämvikt
  244.10.
indriva en kil 25.8.
- en nit 30.7.
ingenjör, maskin- 254.3.
ingripa 63.8, 72.6.
ingrepp 63.9.
-, bringa i 64.5.
-, bringa ur 64.6.
-et, huvudets väg un-
  der 64.7.
-ets fortvaro 64.4.
-sbåge 64.3.
-sdjup 75.3.
-slinje 64.1.
-ssträcka 64.2.
inloppsdiameter 112.5.
inloppsklaff 124.4.

inloppsventil 122.2.
inlöpt tapp 38.3.
inpassa en bult 14.1.
inre bredd (kätting-
  ring) 89.1.
inre diameter 69.6.
-, cylinderns - diameter
  130.3.
-, rörets - diameter
  97.6.
- kuggning 67.7.
- kuggning, hjul med
  70.2.
- kuggning, växel med
  70.1.
- längd (kättingring)
  88.10.
- skarvrör med gän-
  gade ändar 107.3.
insats, blyerts- 227.4.
-, dragstift- 227.5.
-, nål- 227.6.
-, tusch- 227.5.

insatspassare 227.3.
insatt kugge 72.2.
- tapp 39.6.
insatta, fräs med
  tänder 183.4.
inskruva 18.8.
inslipa en kolv 140.2.
- ventilen 113.6.
inslipad kolv 140.1.
insläppningsventil,
  luft- 121.8.
instryks|fil 175.4.
-såg 189.1.
inställbart ritbord
  219.1.
insätta (trä)kuggar
  ett hjul 72.7.
intermittent smörj-
  ning 49.3.
invändigt gängstål
  20.6.
isolering, rör- 98.4.
isärkoppla 63.1.

J

jordacceleration 244.4.
jordborr 181.6.
justera ventilbelast-
  ningen 120.4.
jämvikt 244.6.
-, indifferent 244.10.

jämvikt, krafterna
  hålla varandra i
  242.9.
-, labil 244.9.
-, stabil 244.8.
-släge 244.7.

järn 210.1.
- mot järn-kuggning
  72.4.
-, valsat 215.5.
-, band- 215.4.
-, bessemer- 213.2.

järn. bettel- 159.8.
-, dubbel- 192.8.
-, fyrkant- 215.1.
-, gjut- 211.3.
-, gjut-, aducerat 212.4.
-, göt- 213.1.
-, hugg- 194.6.
-, hyvel- 191.12.
-, hyvel med dubbel- 192.7.
-, hål- 195.1.
-, I- 215.8.
-, kätting- 89.2.
-, lock- 169.4.
-, mangan- 211.2.

järn, martin- 213.4.
-, nagel- 196.5.
-, omslags- 159.7.
-, platt- 215.3.
-, puddel- 212.7.
-, rund- 214.9.
-, sexkant- 215.2.
-, skränk- 186.9.
-, smides- 212.5.
-, spegel- 211.1.
-, stång- 214.8.
-, stäm- 194.4.
-, T- 215.7.
-, tack- 210.3.

järn, tack-, grått 210.5.
-, tack-, halverat 210.6.
-, tack-, halvgrått 210.6.
-, tack-, halvvitt 210.6.
-, tack-, vitt 210.4.
-, thomas- 213.3.
-, U- 215.9.
-, vinkel- 215.6.
-, väll- 212.6.
-, Z- 215.10.
-kil 22.3.
-malm 210.2.
-plåt 215.11.

K

kabel 88.1.
kalibrerad kätting 90.3.
kalk 233.8.
kalkera 233.7.
kalker duk 233.10.
-papper 233.9.
-väv 233.10.
kall hamra 160.8, 164.1.
-mejsel 168.1.
-nitning 27.9.
-skrotmejsel 165.10.
-såg 187.7.
-såga 187.5.
kalv 85.3.
kam 36.7.
-flänsrör 104.5.
-lager 41.4.
-tapp 38.9.
kanna, olje- 51.9.
-, smörj- 51.9, 52.1.
-, ventilsmörj- 51.10.
kanon brons 217.8.
-lager 41.8.
kant avstånd 27.7.
-klove 154.7.
kappa 192.9.
kappmutter 13.1.
kardel 85.2.
kast, lodrätt 238.2.
-, snett 237.5.
-, vågrätt 238.1.
-bana 237.9.
-hastighet 237.10.
-höjd 236.5, 237.8.
-tid 236.6.
-vidd 237.7.
-vinkel 237.6.
kedja 88.6.
-, Galls 91.3.
-, länk- 90.9.
-ehjul 91.4.
-chjulaxel 91.5.
-enitning 30.2.
kik 127.8.

kik, kran- 127.8.
kikkran 127.7.
kil 16.1, 21.6, 24.9.
-, driva in en 25.8.
- med huvud 23.8.
-, slå ut en 25.7.
-, sätta an en 25.9.
-ens böryta 23.2.
-ens dragning 22.1.
-ens rygg 21.8.
-, dubbel- 24.6.
-, hak- 23.8.
-, järn- 22.3.
-, kryss- 22.7.
-, kryss-, försänkt 23.10.
-, kryss-, kvadratisk 24.1.
-, kryss-, platt 24.3.
-, kryss-, rund 24.2.
-, kryss-, urholkad 24.4.
-, kvadrat- 24.1.
-, längd- 22.7.
-, mot- 24.7.
-, platt- 24.3.
-, ring- 25.2.
-, rund- 24.2.
-, skål- 24.4.
-, stål- 22.4.
-, ställ- 25.1, 44.2.
-, tangential- 24.5.
-, tangentialkryss- 24.5.
-, trä- 22.2.
-, tvär- 22.6.
-, tvärstycks- 147.1.
-bredd 22.9.
-förband 22.5.
-förbindning 22.5.
-hake 24.8.
-hjul 74.7.
-hjulsväxel 74.6.
-hål 23.1, 192.1.
-höjd 22.8.
-lås 25.5.

kil längd 22.10.
kilspår 23.3, 75.1.
-, backbroms med 96.7.
-, fräsa 23.7.
-, kryssa 23.4.
-, stickmaskin för 23.6.
kil säkring 25.5.
-vinkel 21.9, 75.2.
-yta 21.7.
kila fast 25.6.
- upp 25.6.
kinematik 234.8.
klack 44.1.
klaff, självstängande 123.7.
-, avlopps- 124.5.
-, inlopps- 124.4.
-, spärr- 124.1.
-, sug- 124.2.
-, säkerhets- 123.6.
-, trottel- 124.6.
-, tryck- 124.3.
-, återgångs- 123.7.
klaffventil 123.1, 2.
-, gummi- 123.4.
-, läder- 123.3.
klibbighet 50.9.
klinga, fräs- 184.2.
klinka (koppling) 60.6.
-, hål- 205.7.
-, plåt- 206.3.
-, spärr- 95.7.
-, såg- 185.5.
-, tråd- 206.6.
klinkkoppling 60.5.
klippmaskin 157.8.
-, plåt- 157.9.
klo (koppling) 60.3.
-, rem- 81.6.
-koppling 60.2.
-såg 189.6.
klock brons 217.9.
-ventil 119.1.
kloppa, gäng- 21.1.
-, gäng- (mindre) 20.9.

kloss, broms- 96.4.
-, spärr- 95.9.
-broms 96.2.
klove, fil- 154.6.
-, fil- med smal mule 154.8.
-, kant- 154.7.
-, nagel- 32.8.
-, nit- 32.8.
-, sned- 154.7.
-, spets- 154.8.
-, spänn- 155.2.
-, stift- 155.1.
klovsåg 189.6.
kluven pen, hammare med 162.3.
klädsel, cylinder-131.2.
kläm‖kon 58.2.
-spärr 95.8.
kniptång 156.2.
kniv, band- 195.3.
-, krum- 195.5.
-, rader- 231.1.
-, rät- 195.4.
-fil 175.1.
knoster 161.7.
knut, Polhems- 62.2.
knä 107.4, 7.
knäck‖hållfasthet 252.3.
-påkänning 252.4.
knäckning, av- 252.2.
knästycke 107.4, 7.
koefficient, friktions- 245.8.
-, skjuvnings- 252.9.
-, töjnings- 249.1.
kokillgjutning 212.2.
kolv 136.1.
-, inslipad 140.1.
- med hamppackning 138.4.
- med labyrinttätning 139.8.
- med läderpackning 138.5.
- med metallpackning 138.7.
-, packa en - med läder 138.6.
-, slipa in en 140.2.
-, spelrum mellan - och lock 136.4.
-en, dubbelslag av 137.8.
-ens bakåtslag 137.10.
-ens framåtslag 137.9.
-ens höjd 136.3.
-ens nedåtslag 138.2.
-ens uppåtslag 138.1.
-, dykar- 140.4.
-, gaslöd- 201.9.
-, hammar- 201.7.
-, löd- 201.6.
-, pump- 140.6.

kolv, plunger- 140.4.
-, reserv- 140.7.
-, skiv- 140.3.
-, spets- 201.8.
-, ång- 140.5.
-acceleration 137.5.
-diameter 136.2.
-friktion 137.6.
-hastighet 137.4.
-kraft 136.5.
-kropp 139.4.
-lock 139.5.
-lockskruv 139.6.
-mutter 136.9.
-nyckel 137.1.
-packning 138.3.
-ring 139.1.
-ring. självspännande 139.3.
-ringslås 139.2.
-slag 137.7.
-slid 127.4.
-smörjning 137.3.
-spelrum, axiellt 136.4.
-stång 136.6, 146.8.
-stången, styrning för 136.8.
-stångens förlängning 136.7.
-stångspackdosa 137.2.
kokiller, gjutning i 212.2.
kolraka 166.7.
kompensationsrör 104.1.
komplementkon 71.1.
komposant 242.1.
-er, upplösa en accele-ration i 240.1.
-er, upplösa en hastig-het i 240.1.
-, accelerations- 240.2.
-, hastighets- 240.2.
kon, grund- 70.9.
-, kläm- 58.2.
-, komplement- 71.1.
-, rem- 83.4.
-, slagbegränsnings- 114.3.
-, ventil- 116.6.
-koppling 61.1.
konisk bricka 25.2.
- brotsch 177.9.
- (skruv-) fjäder 148.4.
- kran 128.3.
- pendel 239.4.
- pinne 24.11.
- (pendel-) regulator 151.7.
- remrulle 83.4.
- skivbroms 96.8.
- tapp 39.3.
- ventil 116.5.
- växel 70.8.
- växel, rätvinklig 71.3.

konisk‖a friktionsrul-lar (med mellanlig-gande remögla) 74.5.
-a rullar, remledning med 78.3.
-t friktionshjul 74.1.
-t kugghjul 71.2.
-t kugghjul, rätvink-ligt 71.4.
konsistensfett 50.6.
konsol, vinkel- 47.6.
-, vägg- 46.5.
-lager, pelar- 47.4.
-lager, vägg-, långs-gående 47.5.
konstruera 222.2.
konstruktion 222.4.
-, maskin- 253.9.
-sbyrå 218.4.
-sfel 222.5.
konstruktör 222.3.
kontaktdjup 75.3.
kontinuerlig smörjning 49.2.
kontor, rit- 218.4.
kontraktion, tvär-snitts- 248.8.
kontraventil 121.3.
kontur 224.7.
kopia, blå- 234.3.
-, ljus- 234.1.
-, vit- 234.4.
-, väv- 233.8.
kopie‖papper 234.2.
-ram 234.5.
kopieringsanstalt, blå-234.6.
-, ljus- 234.6.
kopp, cylindersmörj-53.6.
-, dropp- 44.6, 52.9.
-, droppsmörj- 54.6.
-, glassmörj- 53.9.
-, nålsmörj- 54.5.
-, smörj- 53.5 och 8.
-, spill- 44.6, 52.9.
-, Stauffersmörj- 55.8.
-, tusch- 232.6.
-, veksmörj- 54.2.
-, vinkelsmörj- 55.9.
koppar 216.8.
-hammare 163.8.
-rör 103.6.
koppelstång 145.4.
koppla 62.5.
- isär 63.1.
-, från- 59.6, 63.1.
-, hop- 62.5.
-, samman- 62.5.
-, till- 59.5.
-, till- och från- 84.2.
kopplad 62.6.
-, direkt - till 62.7.
koppling 56.1.
-, axel med lösbar 59.4.

koppling, drivanord-
  ning med lösbar 58.7.
-, elastisk 58.5.
-, fast 56.3.
-, lösbar 58.6.
-, rörlig 58.3.
-, Sellers 58.1.
-en, slä från 59.6.
-en, slä till 59.5.
-, axel- 56.2.
-, band- 61.6.
-, band-, Zodel-Voiths
  61.6.
-, borst- 61.3.
-, elektromagnet- 61.5.
-, expansions- 58.4.
-, friktions- 60.7.
-, från- 59.7.
-, från- (av tänderna)
  60.4.
-, från-, automatisk
  60.1.
-, klink- 60.5.
-, klo- 60.2.
-, kon- 61.1.
-, korslänk- 62.2.
-, läderlänk- 61.4.
-, muff- 56.4.
-, muff- med gängad
  muff 56.6.
-, ring- 56.8.
-, skiv- 57.5.
-, skäl- med krymprin-
  gar 56.8.
-, skål- (med skruvar)
  57.2.
-, tand- 60.2.
-sanordning, från-
  58.8.
-sgaffel 59.3.
-shalva, förskjutbar
  59.1
-smuff, lösbar 59.1.
-sskiva 57.6.
-sskiva (med friktions-
  kon) 61.2.
-sskruv 57.4.
-sskål 57.1. 3.
-sspak 59.2.
kordong|mutter 12.10.
-skruv 15.5.
korrugerat fjäderrör
  104.3.
korsad, halv- rem 77.7.
- rem 77.6.
kors|länkkoppling
  62.2.
-stycke 62.3, 106.5.
kort|länkig kätting
  89.8.
-ringad kätting 89.8.
kraft 241.5.
-, levande 245.4.
-, överförd (remled-
  ning) 75.9.

kraft|ens angrepps-
  punkt 241.7.
-ens, levande - prin-
  cip 245.5.
-ens P hävarm med av-
  seende på vridpunk-
  ten (axeln) O 243.2.
-ens P moment med
  avseende på vrid-
  punkten (axeln) O
  243.1.
-ens riktning 241.6.
-erna hålla varandra i
  jämvikt 242.9.
-, broms- 96.6.
-, centrifugal- 237.4.
-, centripetal- 237.3.
-, drag- 250.5.
-, friktions- 245.7.
-, häst- 245.3.
-, kolv- 136.5.
-, normal- 237.3.
-, periferi- 75.9.
-, tangential- 237.2.
-, tillpressnings- 73.5.
-, tryck- 251.1.
-, tyngd- 244.3.
-hjul (kugghjul) 68.4.
-linledning 84.5.
-maskin 256.7.
-nitning 28.1.
-par 243.3.
-parallellogram 241.8.
-parets moment 243.4.
-parets vridningsaxel
  243.5.
-plan 242.3.
-polygon 242.3.
-polygon, sluten 242.8.
-triangel 242.2.
kraga ut röret 103.10.
krage 103.9.
-, rör med - och lös
  fläns 103.8.
kran 127.7, 129.4.
-, konisk 128.3.
- med packdosa 128.6.
-en, stänga 128.2.
-en, öppna 128.1.
-, avlopps- 129.2.
-, avtappnings- 129.8.
-, blandnings- 129.3.
-, fyrvägs- 129.1.
-, gas- 129.6.
-, genomgångs- 128.7.
-, glasrörs- 111.5.
-, kik- 127.7.
-, matar- 129.9.
-, prov- 129.10.
-, spärr- 129.4.
-, trevägs- 128.9.
-, utblåsnings- 129.7.
-, vatten- 129.5.
-, vattenstånds- 111.5.
-, ventil- 128.4 och 5.

kran, vinkel- 128.8.
-handtag 17.6.
-hus 111.3, 127.10.
-huvud 127.9.
-kik 127.8.
-kätting 91.8.
-lina 87.9.
-nyckel 17.6.
-såg 188.4.
krans, hjulets 69.2.
-, skivans (remskivan)
  81.8.
-, svänghjulets 149.5.
-brott 150.6.
-bult 150.2.
-förbindning 150.1.
-vulst 69.3.
krats, tub- 111.1.
krok 92.1.
-ens grövsta del 92.4.
-, dubbel- 92.6.
-, kätting- 92.8.
-, lin- 92.7.
-, rör- 109.8.
-skaft 92.3.
-tapp 92.3.
-utrustning 92.9.
-öppning 92.2.
krokipapper 220.4.
kroklinig rörelse 236.7.
kronmutter 12.6.
kropp, hak- 92.4.
-, kolv- 139.4.
-, lager- 43.4.
-, ventil- 113.3, 125.5.
-, vev- 141.3.
krumcirkel 206.8,
  207.3.
-, fjäder- 207.1.
-, fjäder- för mätning
  av gängor 207.2.
krum|kniv 195.5.
-passare 206.8.
-sax 157.1.
krympa, ritningen
  krymper 233.3.
krymp mått 221.9.
-ringar, skälkoppling
  med 56.8.
krypa, remmen kryper
  79.2.
kryssa kilspår 23.4.
- ut 167.7.
- ut nitskallen 31.4.
krysskil 22.7.
-, försänkt 23.10.
-, kvadratisk 24.1.
-, platt 24.3.
-, rund 24.2.
-, urholkad 24.4.
-, tangential- 24.5.
kryss|mejsel 23.5,
  167.6.
-pen, hammare med
  162.1.

krysspinne 22.7.
krök, halv- 105.7.
-, hel- 105.6.
-, retur- 105.8.
-, rör- (fyrtiofem gra-
ders) 105.7.
-, rör- (nittio graders)
105.6.
kubb, rits- 207.7.
kugga 72.6.
- (med träkuggar) 72.7.
kugg;;e 64.8.
-e, insatt 72.2.
-e, lös 72.2.
-ar, bearbetade 66.1, 2.
-ar, frästa 66.2.
-ar, hjul med trä- 72.1.
-ar, hjul med vinkel-
70.3.
-ar, hyvlade 66.1.
-ar, oarbetade 65.9.
-ar, svänghjul med
150.4.
-e, trä- 72.3.
-e, vinkel- 70.4.
-bredd 65.8.
-delning 63.4.
-flank 64.10.
-fot 65.3.
-friktion 66.5.
-friktionsarbete 66.6.
-fräs 184.5.
-fräsmaskin 73.2.
-hjul 63.3.
-hjul, cylindriskt 69.1.
-hjul, koniskt 71.2.
-hjul, mellanaxel med
68.2.
-hjul, rätvinkligt ko-
niskt 71.4.
-huvud 65.1.
-höjd 65.5.
-längd 65.5.
-profil 64.9.
-skärningsmaskin 73.2.
-stång 70.7.
-stång och hjul (drev)
70.6.
-stång, lykta och 67.4.
-tjocklek 65.6.

kugg||transmission
68.2.
-tryck 66.3.
-tryck, specifikt 66.4.
-växel 68.1.
-växel, cylindrisk 68.6.
kuggning 63.2.
-, hjul med inre 70.2.
-, inre 67.7.
- med rak profil 67.6.
-, växel med inre 70.1.
-, cykloid- 66.7..
-, dubbelpunkt- 67.5.
-, evolvent- 67.8.
-, järn mot järn- 72.4.
-, pinnhjuls- 67.4.
-, trä mot järn- 72.5.
kula 65.4.
-, regulator- 150.9.
-, ventil- 116.8.
kul||hammare 162.2.
-lager 45.3.
-lagerskål 45.7.
-lager, stöd- 41.3.
-led 62.4.
-pen, hammare med
162.2.
-ring 45.5.
-rörelse, stålager med
45.1.
-tapp 39.4.
-tapplager 45.6.
-ventil 116.7.
kuliss 143.2.
-, vev och 143.1.
kurva, ballistisk
237.11.
kurvdragstift 229.7.
kvadratisk gänga 9.7.
- krysskil 24.1.
kvadratkil 24.1.
kvarblivande förläng-
ning 249.5.
kyl||spiral 104.7.
-viska 166.8.
käft 205.1.
-, nyckelns 16.6.
-, tångens 155.4.
-ar, skruvstyckets
153.5.

käft, hak- 92.2.
-foder 153.6.
käl||hammare 162.6.
-hyvel 193.8.
kärl, nitning av 28.2.
kärna 85.3.
-, skruvens 8.5.
kärndiameter, skru-
vens 8.3.
kätting 88.6.
-, Gall's 91.3.
-, kalibrerad 90.3.
-, kortlänkig 89.8.
-, kortringad 89.8.
-, långlänkig 89.9.
-, långringad 89.9.
-, svetsad 89.5.
-, välld 89.5.
-, ändlös 91.11.
-, ankar- 91.9.
-, hak- 90.4.
-, kran- 91.8.
-, last- 91.7.
-, länk- 90.9.
-, ring- 88.8.
-, stag- 90.1.
-, transmissions- 91.6.
-bana 91.10.
-blocktyg 94.7.
-bult 91.2.
-drev 90.5.
-friktion 89.3.
-hjul 88.7, 90.6.
-järn 89.2.
-krok 92.8.
-lås 89.4.
-rulle 90.8.
-skiva 90.8.
-styrbygel 90.7.
-talja 94.7.
-transmission 88.5.
-trumma 95.3.
-växel 88.5.
-ögla 92.10.
körna 168.6.
körnare 168.4.
körnslag 168.5.
köttsida, remmens
77.1.

L

labil jämvikt 244.9.
labyrinttätning, kolv
med 139.8.
lagen om arbetets fort-
bestånd 245.5.
lager 40.1.
-, bussa ett 42.2.
-, fodra ett 43.1.
-, fodra ett - med vit-
metall (babbits)
43.2.

ager, en maskins - går
varmt 48.2.
-, odelat 41.8.
-, Sellers 45.1.
-, sfäriskt 45.6.
-, snett 44.8.
-et, ansätta 48.6.
-et, efterställa 48.6.
-et nötes 48.4.
-et skär i 48.5.
-et slites 48.4.

lagret, smörja 48.7.
-ets varmgång 48.3.
lager, axel- 33.4.
-, bunt- 41.4.
-, bär- 41.5.
-, dubb- 40.8.
-, egg- 46.1.
-, hals- 41.7.
-, häng- 46.6.
-, häng-, slutet 46.8.
-, häng-, öppet 46.9.

l ager, häng-, öppet, med bulttillslutning 47.1.
-, kam- 41.4.
-, kanon- 41.8.
-, kul- 45.3.
-, kultapp- 45.6.
-, långsgående vägg-konsol- 47.5.
-, pelarkonsol- 47.4.
-, ram- 47.8.
-, ringsmörjnings- 45.2.
-, rull- 45.8.
-, stubb- 44.7.
stå- 42.3.
-, stå- med kulrörelse 45.1.
-, stöd- 40.8.
-, stöd-, ringformigt 41.1.
-, stödkul- 41.3.
-, vev- 47.7, 141.5.
-, vevaxel- 47.7, 141.5.
-, vevtapp- 141.7.
-, vägg- 46.4.
-, ytter- 41.6, 48.1.
-, änd- 41.6.
-bock 47.2.
-bock, häng- 46.7.
-bock, vägg- 46.5.
-borrning 40.3.
-bussning 42.1.
-diameter 40.3.
-fot 43.7.
-fotens längd 40.4.
-kropp 43.4.
-lock 43.5.
-längd 40.2.
-skål 42.4.
-skål, efterställbar 42.5.
-skål, kul- 45.7.
-stol 47.2.
-stol, häng- 46.7.
-stol, vägg- 46.5.
-sula 43.7.
-tryck 40.6.
-yta 40.5.
lampa, löd- 202.1.
lapp||svetsat rör 102.6.
-vällt rör 102.6.
last||kätting 91.7.
-lina 87.7.
lavera 231.10.
led 61.9.
-, cardanisk 62.2.
-, kul- 62.4.
-, universal- 62.2.
(ledad) tumstock 221.3.
ledning, axel- 35.4.
-, gas- 110.1.
-, gas-, slussventil för 126.5.
-, kraftlin- 84.5.

ledning, mellanrem- 77.3.
-, rem- 75.5.
-, rem- med koniska rullar 78.3.
-, rör- 109.1.
-, sug- 108.7.
-, tryck- 108.9.
-, vatten- 109.10.
-, vatten-, slussventil för 126.4.
-, vinkelrem- 77.8.
-, ång- 109.9.
lekare 92.5.
lera, gjutning i 212.1.
lettrad mutter 12.10.
levande kraft 245.4.
levande kraftens princip 245.5.
liggande axel 36.1.
- gjutet rör 102.1.
likformig rörelse 235.1.
likformigt accelererad rörelse 235.11.
lim 196.8.
-, läder- 80.11.
-tving 196.9.
limma 196.6.
- ihop 196.7.
- ihop remmen 80.10.
-d, hop- rem 80.9.
lina 85.1.
-, löpande 86.5.
-, sluten 85.7.
-, slå en 85.4.
-, spiralslagen 85.6.
-, stillastående 86.6.
-, vinda av en 88.4.
-, vinda upp en 88.3.
-n, splitsa 85.9.
-, bomulls- 86.10.
-, driv- 87.6.
-, hamp- 86.9.
-, hiss- 87.8.
-, kran- 87.9.
-, last- 87.7.
-, spel- 88.2.
-, ståltråds- 86.8.
-, transmissions- 87.5.
-, tråd- 86.7.
-, vinsch- 88.2.
lin||fett 86.4.
-friktion 86.2.
-krok 92.7.
-ledning med en enda fortlöpande lina 84.8.
-ledning, kraft- 84.5.
-läs 86.1.
-polygon 242.6.
-skiva 87.1.
-skiva, hamp- 87.4.
-skiva, tråd- 87.3.
-spår 87.2.
-spärning 84.6.

lin||styvhet 86.3.
-transmission 84.5.
-trumma 95.2.
linjal 219.9.
-, (själva) -en 219.7.
-, mått- 221.2.
-, vinkel- 219.5.
linje, bas- 186.3.
-, centrum- 225.3.
-, ingrepps- 64.1.
-, medel- 225.3.
-, mått- 225.4.
-, skruv- 7.1.
-, slut- 242.7.
-, spets- 186.2.
-, vattenstånds- 111.6.
list, styrnings- 126.1.
-, tätnings- 99.5.
-hyvel 193.8.
ljus||kopia 234.1.
-kopieringsanstalt 234.6.
lock, cylinder- 130.5.
-, kolv- 139.5.
-, lager- 43.5.
-, ventil- 112.3, 125.3.
-betel 194.7.
-hammare 161.8, 163.3.
-järn 169.4.
-platta 160.2.
-skiva 169.1.
-skruv 130.6.
-skruv (lager) 43.6.
-skruv, kolv- 139.6.
-skruv, ventil- 112.4.
-skruvar 130.7.
locka hål 169.6.
lod 202.4, 209.2.
-, lödning med hård-smält 201.3.
-, lödning med lätt-smält 201.2.
-, centrum- 209.2.
-, hård- 202.7.
-, slag- 202.7.
-, snäll- 202.6.
-, sänk- 209.2.
-, tenn- 202.5.
lodrätt kast 238.2.
lokal smörjanordning 50.1.
lokalsmörjning 49.8.
lossa en lödning 200.9.
- en skruv 19.4.
lossna (skruven) 19.5.
luckvidd 65.7.
lubrikator 55.7.
luftinsläppningsventil 121.8.
lutande plan 239.6.
lutningsvinkel 239.7.
lyftning, ventilens 114.1, 115.7.
-sdiagram, ventil- 115.8.

— 41 —

maskin‖uppsättare
255.2.
-verkstad 254.1.
massa 244.5.
-, ventilens 114.5.
massiv axel 35.8.
matar‖kran 129.9.
-ventil 122.7.
medelfin fil 172.4.
- kuggning 170.2.
medel‖hastighet
235.10.
-linje 225.3.
mejsel 167.4.
-, bänk- 168.1.
-, dikt- 31.2.
-, filhuggnings- 170.10.
-, flat- 167.5.
-, grad- 167.5.
-, hand- 167.9.
-, kall- 168.1.
-, kallskrot- 165.10.
-, kryss- 23.5, 167.6.
-, skarp- 167.5.
-, skrot- 165.8.
-, skruv- 18.3.
-, sten- 167.8.
-, varmskrot- 165.9.
mejsla 168.2.
- av 168.3.
mekanisk verkstad
254.1.
mekanism, spärr- 95.4.
mellanaxel 36.5.
- med friktionshjul
75.4.
- med kugghjul 68.2.
mellanremledning
77.3.
metall (gul-) 217.5.
-, delta- 217.11.
-, vit- 217.10.
-packning 135.8.
-packning, kolv med
138.7.
-packning, packdosa
med 134.2.
-såg 187.9.
meter mått 220.9.
-stock 221.7.
mikrometer 204.5.
-mått 204.5.
-skruv 15.5.
mineralolja 51.4.
mitt till mitt, från
225.7.
modul, elasticitets-
249.2.
-, glidnings- 253.1.
moment, böjande 251.6.

moment, kraftparets
243.4.
-, kraftens P- med av-
seende på vridpunk-
ten (axeln) O 243.1.
-, statiskt 243.6.
-, vridande 253.4.
-, motstånds- 251.8.
-, tröghets- 243.7.
-, tröghets-, ekvatori-
alt 243.8.
-, tröghets-, polärt
244.1.
montera en maskin
254.7.
montering 255.1.
-sverkstad 255.3.
montör 255.2.
mot‖hållare 32.3.
-hållare, skruv- 32.4.
-hållare, vridbar - med
stöd 32.6.
-kil 24.7.
-mutter 13.2.
-vev 142.1.
motstånd, ban- 238.4.
-, friktions- 245.7.
-, normal- 238.5.
-, tangential- 238.6.
-smoment 251.8.
M-tand 186.6.
muddventil 122.9.
muff 56.5, 106.9.
-, förskjutbar 59.1.
-, gängad 56.7, 106.9.
-, muffkoppling med
gängad 56.6.
-ens djup 101.6.
-, axel- 56.4.
-, dubbel- 105.5.
-, förminsknings-107.1.
-, kopplings-, lösbar
59.1.
-, rör- 101.4.
-förbindning 101.2.
-koppling 56.4.
-koppling med gängad
muff 56.6.
-rör 101.3.
mule, filklove med
smal 154.8.
munstycke, dropp-
54.7.
musselslid 127.2.
mutter 11.5.
-, lettrad 12.10.
-, rund, med hål 12.9.
-, räfflad 12.10.
-, sexkantig 12.5.
-, skallskruv med 11.9.

mutter, med spår för
pinne 12.6.
-, fläns- 12.8.
-, huv- 13.1.
-, kapp- 13.1.
-, kolv- 136.9.
-, kordong- 12.10.
-, kron- 12.6.
-, lås- 13.2.
-, mot- 13.2.
-, styrnings- 126.2.
-, ställ- 12.9.
-, ving- 12.7.
-bricka 11.6.
-gänga 10.5.
-gängstål 20.6.
-tolk, bult och 206.1.
mått 204.3, 220.8,
225.6.
-, skriva på 225.9.
-, sätta på 225.9.
-, cylinderstick- 205.4.
-, djup- 205.6.
-, fot- 220.10.
-, hak- 205.5.
-, huvud- 225.8.
-, krymp- 221.9.
-, meter- 220.9.
-, mikrometer- 204.5.
-, normal- 220.11.
-, rits- 207.9.
-, skjut- 204.6.
-, skruv- 204.4.
-, stick- 205.2.
-, stick- (med sfäriska
ändar) 205.3.
-, stryk- 207.9.
-band 221.4.
-linjal 221.2.
-linje 225.4.
-pil 225.5.
-siffra 225.6.
-skiss 223.8.
-stock 221.1.
-stock. tumgraderad
221.8.
-sättning 225.10.
mässing 217.5.
-srör 103.7.
mästare, verk- 254.4.
mäta 220.7.
-, fin- 204.1.
-, precisions- 204.1.
mätare, gäng- 206.2.
-, vattenstånds- 111.2.
mätning av gängor,
fjäderkrumcirkel för
207.2.
-, fin- 204.2.
-, precisions- 204.2.

N.

nagel 26.1.
-fyr 33.1.

nagel‖hål 26.7.
-järn 196.5.

nagel‖klove 32.8.
-tång 32.7.

nagelässja 32.9.
naturlig hårdhet 199.6.
nav, hjulets 69.4.
-, svänghjulets 149.7.
-ets förstärkningsfjä-
    der 69.5.
-borr 181.3.
-bult 150.3.
-säte 33.5.
-vulst 69.5.
ned||böjning 147.5,
    252.1.
-hängning (remled-
    ning) 76.2.
-svarvat spår, fläns
    med - för packnin-
    gen 100.1.
-svarvning, fläns med -
    för packningen 99.8.
-taga en maskin 255.4.
-tagning av en maskin
    255.5.
-åtslag, kolvens 138.2.
negativ acceleration
    235.7.
nickel 216.11.
-stål 214.5.
nippel 107.2.
nit 26.1.
-, driva in en 30.7.
-, försänka en 30.6.
- med försänkt huvud
    26.8.
- med halvförsänkt
    huvud 26.9.
- med hamrat huvud
    27.2.
- med skålformigt hu-
    vud 27.1.
-ar, hugga ut 31.3.
-ens avstånd från flän-
    sen 30.4.
-ens huvud 26.3.
-ens skaft 26.2.

nit||ens skalle 26.3.
-, fäst- 27.3.
-delning 27.6.
-förband 27.4.
-hammare 32.1.
-hål 26.7.
-klove 32.8.
-maskin 31.7.
-rad 27.5.
-skallen, kryssa ut
    31.4.
-skarv 27.4.
-stans 31.8.
-söm 27.5.
-växel 27.4.
nita 30.5.
nitning av kärl 28.2.
-, enradig 29.5.
-, enskärig 28.3.
-, flerradig 29.7.
-, flerskärig 28.6.
-, skarv med glesare -
    i yttre raderna 30.3.
-, stark 28.1.
-, tvåradig 29.6.
-, tvåskärig 28.5.
-, tät 28.2.
-, fläns- 29.4.
-, hand- 31.5.
-, kall- 27.9.
-, kedje- 30.2.
-, kraft- 28.1.
-, maskin- 31.6.
-, sicksack- 30.1.
-, skarvplåts-, dubbel
    29.2.
-, skarvplåts-, enkel
    29.1.
-, spets- 30.3.
-, varm- 27.8.
-, överlapps- 28.7.
nollskiva 83.8.
-n, bussning för
    83.9.

nollskivan, skjuta
    över remmen från
    - på fasta skivan
    84.1.
normal||acceleration
    236.9.
-kraft 237.3.
-motstånd 238.5.
-mått 220.11.
-spänning 247.4.
-tolk 206.5.
-tryck mot banan
    145.9.
nothyvel 193.6.
nyckel (skruven) 16.5.
-ns käft 16.6.
-, fläns- 101.1.
-, hak- 17.7.
-, hyls- 17.4.
-, kolv- 137.1.
-, kran- 17.6.
-, passar- 227.9.
-, ring- 17.5.
-, rör- 110.6.
-, skift- 18.1 och 2.
-, skruv- 16.5.
-, skruv-, dubbel 17.1.
-, skruv-, enkel 16.8.
-, stift- 17.8.
-, ställskruv- 17.3.
-, universal- 18.2.
-, vänd- 17.2.
-vidd 16.7.
nyttiga arbetet 246.7.
nål, punkter- 229.1.
-fil 175.5.
-insats 227.6.
-smörjkopp 54.5.
-spets 227.7.
näsa 44.1.
-, dropp- 52.7.
nät, rör- 109.4.
nöta, lagret nötes
    48.4.

0

oarbetade kuggar
    65.9.
odela,.l excenterskiva
    143.7.
-d remskiva 83.2.
-t lager 41.8.
ofri rörelse 238.3.
olik||formig rörelse
    235.5.
-hetsgrad 149.8.
olja, härdning i 200.4.
-, renad 53.2.
-n, -n förhartsas 50.10.
-n, tappa av - 55.6.
-ns förhartsning 51.1.

olja, cylinder- 51.6.
-, maskin- 51.5.
-, mineral- 51.4.
-, smörj- 50.8.
-, spindel- 51.7.
olje||avlopp 55.5.
-avtappning 55.5.
-bad 55.3.
-behållare 51.8.
-kanna 51.9.
-renare 53.1.
-reningsapparat 53.1.
-rum 55.4.
-smörjning 52.4.

olje||spruta 52.2.
-sten 197.4.
-tank 51.8.
-tillförsel 52.3.
om||fattningsvinkel
    (remledning) 76.3.
-hugga filar 171.2.
-huggen fil 171.3.
-kastningsaxel 37.5.
-slagsjärn 159.7.
ormrör 104.6.
ospänd såg 188.3.
otät, packdosan är
    134.6.

P

packa 135.2.
- en kolv med läder 138.6.
packdosa 132.5.
-, cylindern hålles tät medelst en 135.1.
-, kran med 128.6.
- med läderpackning 133.8. .
- med metallpackning 134.2.
-n, ansätta 134.4.
-n läcker 134.6.
-n sätter sig i bänd 134.5.
-n tätar 134.7.
-n är otät 134.6.
-n är tät 134.7.
-, cylinder- 131.1.
-, expansions- 104.4.
-, kolvstångs- 137.2.
-, ång- 133.7.
packdos||friktion 134.3.
-skruv 133.3.
packning 132.9.
-en, fläns med nedsvarvat spår för 100.1.
-en, fläns med nedsvarvning för 99.8.
-ens djup 101.7.
-ens tjocklek 133.2.
-, asbest- 135.5.
-, fläns- 99.6.
-, gummi- 135.7.
-, hamp- 135.3.
-, hamp-, kolv med 138.4.
-, kolv- 138.3.
- läder-, kolv med 138.5.
- läder-, packdosa med 133.8.
-, metall- 135.8.
-, metall-, kolv med 138.7.
-, metall-, packdosa med 134.2.
-, rör- 101.5.
-sring 99.7.
-srum 133.1.
packring 139.1.
pall 95.7.
-, palltrissa och 95.5.
-trissa 95.6.
-trissa och pall 95.5.
panna (egglager) 46.3.
pann||a, dubb- 40.9.
-plåt 216.4.
-stenshammare 163.4.
papper, blad rit- 220.3.
-, kalker- 233.9.
-, kopie- 234.2.

papper, kroki- 220.4.
-, rit- 220.2 och 3.
-, skiss- 220.4.
-, smärgel- 197.9.
-, sug- 232.9.
par, kraft- 243.3.
parallellogram, accelerations- 239.8.
-, hastighets- 239.8.
-, kraft- 241.8.
parallell||rörelse 240.5.
-sax 157.5.
-skruvstycke 154.2.
part 85.2.
-, avlöpande 76.7.
-, dragande 75.10.
-, dragen 76.1.
-, pålöpande 76.6.
pass, vatten- 208.8.
-bult 13.10.
passa in en bult 14.1.
passare 206.7, 226.8.
-, med lösa ben 227.3.
-, blyerts- 228.1.
-, delnings- 228.3.
-, fot- 206.9.
-, insats- 227.3.
-, krum- 206.8.
-, proportions- 288.5.
-, reduktions- 228.5.
-, stick- 207.4, 228.2.
passar||ben 226.9.
-fot 226.10.
-huvud 227.2.
-nyckel 227.9.
-spets 227.1.
pelare, vatten- 111.7.
pelarkonsollager 47.4.
pen, hammare med kluven 162.3.
-, hammare med kryss- 162.1.
-, hammare med kul- 162.2.
-, hammarens 160.5.
pendel 238.7.
-, konisk 239.4.
-, cirkel- 238.8.
-, cykloid- 239.5.
-regulator 151.6.
-regulator, konisk 151.7.
-svängning 239.2.
-utslag 238.9.
penna, blyerts- 230.2.
-, blå- 233.6.
-, färg- 233.4.
-, rundskrifts- 231.8.
-, röd- 233.5.
-, text- 231.4.
pensel 232.5.
perforerat sågblad 186.7.

pericykloid 67.1.
periferikraft 75.9.
periodisk smörjning 49.3.
permanent förlängning 249.5.
pil, mått- 225.5.
-hjul 70.3.
-höjd (remledning) 76.2.
pincett 156.8.
pinne, konisk 24.11.
-, mutter med spår för 12.6.
-, kryss- 22.7.
-, sax- 24.10.
-, spänn- 189.8.
-, vrid-, ställskruv med 15.3.
pinn||borr 181.3.
-bult 13.8.
-fräs 184.3.
-hammare 163.2.
-hjulskuggning 67.4.
pipa, hugg- 169.4.
-, hål- 169.4.
plan, lutande 239.6.
-, kraft- 242.3.
-, rörlednings- 109.5.
-, sänk- 160.2.
-fräs 184.1, 4.
-hjul 74.3.
-hjulsväxel 74.2.
-skavstål 176.4.
-skiva 208.7.
-slid 127.1.
-vy 224.6.
platina 217.4.
platta, fot- 43.9.
-, lock- 160.2.
-, länk- 90.10.
-, poler- 160.1.
-, rikt- 208.7.
-, ringformig stöd- 41.2.
-, stöd- 40.9.
-, sänk- 160.2.
platt||gänga 9.7.
-gängad 10.1.
-järn 215.3.
- kil 24.3.
- krysskil 24.3.
plugg, skruv- 13.5, 105.1.
plungerkolv 140.4.
plåt 216.1.
-, förtent 216.7.
-, galvaniserad 216.7.
-, räfflad 216.5.
-, durk- 216.5.
-, grov- 216.4.
-, järn- 215.11.
-, pann- 216.4.

plåt, skarv- 29.3.
-, svart- 216.2.
-, tunn- 216.3.
-, våg- 216.6.
-böjningstång 156.4.
-klinka 206.3.
-klippmaskin 157.9.
-lyra 206.3.
-sax 157.1.
-tolk 206.3.
pol 242.4.
-avstånd 242.5.
polerplatta 160.1.
Polhems knut 62.2.
polygon, kraft- 242.3.
-, kraft-, sluten 242.8.
-, lin- 242.6.
-. tåg- 242.6.
polärt tröghetsmoment 244.1.
portfölj, rit- 219.2.
-ställ 219.3.
precisions||mäta 204.1.
-mätning 204.2.
press, smörj- 55.7.
-cylinder 132.4.
pricka 226.3.
-, streck- 226.4.
prickningsdragstift 229.9.
princip, levande kraftens 245.5.

profil, kuggning med rak 67.6.
-, remskiva med rak 82.1.
-, kugg- 64.9.
-fräs 184.8.
projekt 223.2.
projekt||era 223.1.
-skiss 223.3.
projektion, rita en maskindel i tre -er 224.1.
-, horisontal- 224.6.
-, sido- 224.2.
-, vertikal- 224.3.
proportionalitetsgräns 249.8.
proportions||passare 228.5.
-skala 221.5.
propp 105.1.
prov, axel- 34.8.
-, blåsrörs- 203.3.
-kran 129.10.
-ventil 122.8.
puddel||järn 212.7.
-stål 213.7.
pulver, härdnings- 199.10.
-, smärgel- 198.8.
pump||cylinder 132.3.
-kolv 140.6.
punkt, angrepps-, kraftens 241.7.

punkt, död- 141.1.
-, tyngd- 244.2.
-cirkel 228.4.
-kuggning, dubbel- 67.5.
punkter||hjul 229.2.
-ingsdragstift 229.9.
-nål 229.1.
putsa 172.8.
putsfil 173.1.
pådragsventil 122.2.
påkänning 247.5.
-, tillåten 247.7.
-, avknäcknings- 252.4.
-, böjnings- 251.5.
-, drag- 250.4.
-, knäck- 252.4.
-, skjuv- 252.7.
-, tryck- 250.9.
-, vridnings- 253.3.
pålägga en rem 79.7.
påläggare, rem- 79.6.
pålöda 200.8.
pålödd bunt 100.6.
- fläns 100.8.
- ring 100.6.
pålöpande part 76.6.
pånitad fläns 100.7.
påskriva mått 225.9.
påskruvad fläns 100.9.
påsvetsa 164.11.
påsätta mått 225.9.
påvälla 164.11.

R

radera 230.7.
rader;gummi 230.8.
-kniv 231.1.
rak stil 231.7.
- ventil 117.8.
raka, kol- 166.7.
raka spår, brotsch med 177.8.
ram, kopie- 234.5.
-, såg- 190.5.
-lager 47.8.
-såg 190.6.
rasp 176.2.
ratt 113.8.
reducerventil 121.5.
reduktions||passare 228.5.
-skala 221.5.
regelyxa 191.5.
reglera 152.6.
regulator 150.7.
-, konisk (pendel-) 151.7.
-ns hylsförskjutning 151.2.
-ns ställtyg 151.4.

regulator, axel- 151.8
-, centrifugal- 151.5.
-, effekt- 152.5.
-, fjäder- 152.2.
-, hastighets- 152.4.
-, pendel- 151.6.
-, vikts- 151.9.
-fjäder 152.3.
-hylsa 151.1.
-hävstång 151.3.
-kula 150.9.
-spindel 150.8.
-vikt 152.1.
rektangulär gänga 9.7.
- sektion, fjäder med 148.5.
rem 76.5.
-, driva en axel med 76.4.
-, flerdubbel 80.3.
-, halvkorsad 77.7.
-, hoplimmad 80.9.
-, hopsydd 81.1.
-, horisontal 78.4.
-, korsad 77.6.
-, lägga på en 79.7.

rem, riktad snett uppåt åt höger 78.6.
-, riktad snett uppåt åt vänster 79.8.
-, slå av en - från skivan 78.8.
-, vertikal 78.5.
-, öppen 77.5.
-men, förkorta 79.4.
-men hoppar av skivan 79.5.
-men kryper 79.2.
-men ligger på axeln 80.1.
-men, limma ihop 80.10.
-men, skjuta över - från nollskivan på fasta skivan 84.1.
-men slirar 79.1.
-men slår 78.8.
-men slår av 79.5.
-men, spänna 79.3.
-men, sy ihop 81.2.
-mens hårsida 77.2.
-mens köttsida 77.1.

rem, driv- 80.5.
-, dubbel- 80.2.
-, länk- 80.6.
-bredd 76.8.
-drift 77.4.
-drift med belastnings-
spänning 78.1.
-drift med spännrulle
78.1.
-gaffel 84,4.
-klo 81.6.
-kon 83.4.
-ledning 75.5.
-ledning med koniska
rullar 78.3.
-ledning, mellan- 77.3.
-ledning, vinkel- 77.8.
-lås 81.4.
-lås, Harris' 81.6.
-läder 80.4.
-påläggare 79.6.
-rulle, konisk 83.4.
-skarv 80.7.
-skiftare 84.3.
-skiva 81.7.
-skiva av gjutjärn 82.7.
-skiva av smidesjärn
82.8.
-skiva av trä 83.1.
-skiva, delad 83.3.
-skiva, fast 83.7.
-skiva, lös 83.8.
-skiva med dubbelt
armsystem 82.6.
-skiva med krökta ar-
mar 82.5.
-skiva med raka armar
82.4.
-skiva med rak profil
82.1.
-skiva med välvning
82.2.
-skiva, odelad 83.2.
-skiva utan välvning
82.1.
-skiva, välvd 82.2.
-skruv 81.5.
-snäcka 83.5.
-snöre 81.3.
-spännare 80.8.
-spänning 75.8.
-tjocklek 76.9.
-transmission 75.5.
-ögla, koniska frik-
tionsrullar (med
mellanliggande -)
74.5.
renad olja 53.2.
renare, olje- 53.1.
reningsapparat, olje-
53.1.
rensare, tub- 110.9.
rep||blocktyg 94.6.
-slagningsmaskin 85.5.
-talja 94.6.

reservkolv 140.7.
resultant 241.9.
-, sammansätta flera
accelerationer till en
240.3.
-, sammansätta flera
hastigheter till en
240.3.
resulterande accelera-
tion 240.4.
- hastighet 240.4.
retardation 235.7.
retarderad rörelse, lik-
formigt 236.1.
returkrök 105.8.
ri 220.1.
ribba, skarv- 29.3.
rikta 208.6.
rikthammare 161.6.
riktplatta 208.7.
riktning, kraftens
241.6.
ring (kätting) 88.9.
-, kugghjulets 69.2.
-, lös 69.8.
-, pålödd 100.6.
-, skivans (remskiva)
81.8.
-, skålkoppling med
krympringar, 56.8.
-, svänghjulets 149.5.
-ens förstärkningsfjä-
der 69.3.
-ens tjocklek (remski-
van) 81.9.
-, botten- (packdosa)
133.5.
-, excenter- 144.1.
-, kolv- 139.1.
-, kolv-, självspännan-
de 139.3.
-, kul- 45.5.
-, löp- 45.5.
-, pack- 139.1.
-, packnings- 99.7.
-, smärgel- 198.3.
-, smörj- 52.8, 55.2,
133.6.
-, spänn- 139.7.
-, spänn-, smidestång
med 155.8.
-, stopp- 36.8.
-, ställ- 36.8.
-, tätnings- 125.7.
-formig stödplatta
41.2.
-formig stödtapp 38.8.
-formigt stödlager 41.1.
-kil 25.2.
-koppling 56.8.
-kätting 88.8.
-nyckel 17.5.
-smörjning 55.1.
-smörjningslager 45.2.
ringventil 118.2.

ringventil, dubbel
118.4.
-, enkel 118.3.
-, flerdubbel 118.5.
rita 218.1.
- en maskin i tre pro-
jektioner 224.1.
- en maskindel i sek-
tion 224.8.
- i full storlek 218.2.
- i (förminskad) skala
218.3.
ritare 218.5.
rit.|bestick 226.7.
-bord 218.7.
-bord, ställbart 219.1.
-bräde 219.4.
-kontor 218.4.
-papper 220.2 och 3.
-papper, blad 220.3.
-portfölj 219.2.
ritning 218.6.
-, texta en 231.5.
-en krymper 233.3.
-en, tvätta av - med
svamp 233.1.
-, arbets- 223.6.
-, blyerts-, göra en -
226.1.
-, detalj- 223.5.
-, maskin- 222.6 och 7.
rits, cirkel- 207.8.
-kubb 207.7.
-mått 207.9.
-spets 207.6.
ritsa 207.5.
riva färg 232.8.
rivare 177.4.
rotation 240.6.
-saxel 34.5, 241.1.
-svinkel 241.2.
roterande axel 33.11.
- smörjbehållare 54.8.
rubank 193.2.
rullager 45.8.
rulle 93.2.
-, fast 93.3.
-, lös 93.4.
-ar, remledning med
koniska 78.3.
-, friktions- 74.4.
-, kätting- 90.8.
-, rem-, konisk 83.4.
-, spänn- 78.2.
-, spänn-, remdrift med
78.1.
-, styr- 77.9, 84.7.
rullnings||cirkel 67.3.
-friktion 246.4.
rum, olje- 55.4.
-, packnings- 133.1.
rund||fil 174.4.
-fil (grad) 176.1.
-gänga 10.2.
-gängad 10.3.

rund||järn 214.9.
- kil 24.2.
- krysskil 24.2.
- mutter med hål
12.9.
-skrift 231.6.
-skriftspenna 231.8.
-slid 127.4.
-såg 190.1.
-tång 155.6.
runt huvud (skruven)
12.2.
rygg, kilens 21.8.
-, såg- 188.9.
-såg 188.8.
rymma, upp- 178.3.
rå, gjutning i våt (-)
sand 211.8.
räfflad brotsch 177.8.
- mutter 12.10.
- plåt 216.5.
räknare, varv- 209.4.
räknesticka 222.1.
rätkniv 195.4.
rätlinig rörelse 234.9.
- styrning 145.5.
rätvinklig förgrening
106.2.
- konisk växel 71.3.
-t koniskt kugghjul
71.4.
rödpenna 233.5.
rör 97.4.
-, draga 103.5.
-, draget 103.4.
-, heldraget 103.4.
-, hopnitat 102.3.
-, hårdlött 102.8.
-, lappsvetsat 102.6.
-, lappvällt 102.6.
-, liggande gjutet
102.1.
-, lägga ett 109.6.
- med krage och lös
fläns 103.8.
- med stum vällfog
102.5.
-, skarvfritt 102.9.
-, spiralsvetsat 102.7.
-, spiralvällt 102.7.
-, stumt svetsat 102.5.

rör, stående gjutet
101.10.
-, svetsat 102.4.
- utan skarv 102.9.
-, valsat 103.1.
-, vällt 102.4.
-et, kraga ut 103.10.
-ets gods 97.8.
-ets inre diameter
97.6.
-ets inre diameter är
x mm. 97.7.
-ets vägg 97.8.
-, avlopps- 109.3.
-, avstånds- 14.7.
-, blås- 203.1.
-, eld- 108.1.
-, expansions- 104.1.
-, fjäder- 104.2.
-, fjäder-, korrugerat
104.3.
-, fläns- 98.9.
-, förminsknings-
105.9.
-, gas- 107.8.
-, gjutjärns- 101.9.
-, glas- 111.4.
-, gren- 106.4.
-, kamfläns- 104.5.
-, kompensations-
104.1.
-, koppar- 103.6.
-, muff- 101.3.
-, mässings- 103.7.
-, orm- 104.6.
-, skarv-,inre,med gän-
gade ändar 107.3.
-, smidesjärns- 102.2.
-, smörj- 53.4.
-, sug- 105.5.
-, tillopps- 109.2.
-, tryck- 108.8.
-, vatten- 107.9, 108.3.
-ansats 108.10.
-ansats med fläns100.2.
-avskärare 110.8.
-beklädnad 98.4.
-bestrykning 98.3.
-brott 110.4.
-brottsventil 110.5,
121.4.

rör||fläns 98.10.
-formig 97.5.
-fräs (yttre) 184.7.
-förbindning 98.5,
106.1.
-förgrening 106.1.
-hängare 109.7.
-isolering 98.4.
-krok 109.8.
-krök (fyrtiofem gra-
ders) 105.7.
-krök (nittio graders)
105.6.
-ledning 109.1.
-ledningsplan 109.5.
-längd 98.2.
-muff 101.4.
-nyckel 110.6.
-nät 109.4.
-packning 101.5.
-skarv, gängad 98.6.
-skruvstycke 154.3.
-stuts 108.10.
-stuts med fläns 100.2.
-tillslutning 104.9.
-tång 110.7, 155.7.
-tång, alligator- 110.6.
-valsverk 103.2 och 3.
-ventil 118.8.
-vidd 97.6.
-vidden är x mm 97.7.
rörelse 234.7.
-, bunden 238.3.
-, föränderlig 235.5.
-, kroklinig 236.7.
-, likformig 235.1.
-, likformigt accelere-
rad 235.11.
-, likformigt retarde-
rad 236.1.
-, ofri 238.3.
-, olikformig 235.5.
-, rätlinig 234.9.
-, excenter- 144.5.
-, parallell- 240.5.
-, vev- 140.8.
-, vridnings- 240.6.
-energi 245.4.
-lära, geometrisk 234.8.
-skruv 13.6.
rörlig koppling 58.3.

S

samman||koppla 62.5.
-ställning 223.4.
-sätta flera accelera-
tioner till en resul-
tant 240.3.
-sätta flera hastighe-
ter till en resultant
240.3.
-trycka en fjäder
148.8.

sammantryckning, fjä-
derns 148.7.
sand, gjutning i 211.6.
-, gjutning i fet 211.7.
-, gjutning i mager
211.8.
-, gjutning i torr
211.7.
-, gjutning i våt (rå)
211.8.

sand, gjutning i öppen
211.4.
satshjul (kugghjul)
68.3.
sax 156.9.
-ens blad 156.10.
-, bord- 157.4.
-, bänk- 157.3.
-, grad- 157.6.
-, hand- 157.7.

— 48 —

sax, hål- 158.1.
-, hävstångs- 157.2.
-, krum- 157.1.
-, maskin- 157.8.
-, parallell- 157.5.
-, plåt- 157.1.
-, stock- 157.3.
-, tråd- 155.10, 158.2.
-pinne 24.10.
-sprint 24.10.
schackel 89.4.
scharnerfil (invändig)
    175.3.
- (utvändig) 175.6.
sektion x—y 225.2.
-, fjäder med cirkulär
    148.6.
-, fjäder med rektan-
    gulär 148.5.
-, rita en maskindel i
    224.8.
-, längd- 224.9.
-, tvär- 225.1.
-sbeteckning 226.6.
sektionera 226.5.
sektionering 226.6.
Sellers koppling 58.1.
- lager 45.1.
sexkantig mutter
    12.5.
-t huvud 11.10.
sexkant järn 215.2.
-vinkel 208.4.
sfärisk bussning 45.7.
- tapp 39.4.
-t lager 45.6.
sicksacknitning 30.1.
sida, remmens hår-
    77.2.
-, remmens kött-
    77.1.
sido projektion 224.2.
-svets (kätting) 89.7.
-vy 224.3.
siffra, mått- 225.6.
sil, sug- 108.6.
silver 217.3.
simshyvel 193.4.
sjunga, hjulen - 72.8.
självhämning (skru-
    ven) 10.10.
-spännande kolvring
    139.3.
-styrd ventil 120.7.
-stängande klaff 123.7.
-verkande ventil 120.7.
sjömaskinstyp, vev-
    stakshuvud av
    145.2.
skaft (skruven) 11.3.
-, hammarens 160.6.
-, nitens 26.2.
-, axel- 33.6.
-, borr- med växel
    182.7.

skaft, borr-, drillbåge
    med 182.3.
-, borrstol- 182.8.
-, bröstborr- 182.5.
-, drillborr- 182.2.
-, fil- 169.8.
-, handborr- 182.5.
-, krok- 92.3.
-, vevstaks- 144.8.
-, yx- 191.2.
-öga, snäckborr med
    181.2.
-öga, spiralborr med
    181.4.
skala 221.2, 6.
-, rita i (förminskad)
    218.3.
-, hårdhets- 199.8.
-, proportions- 221.5.
-, reduktions- 221.5.
skalle (skruven) 11.4.
-, nitens 26.3.
skallskruv 13.9.
- med mutter 11.9.
skallsänke 32.5.
skarp gänga 9.5.
skarpgängad 9.6.
skarpmejsel 167.5.
skarv, gjuta bly i -en
    101.8.
- med glesare nitning
    i yttre raderna 30.3.
-, rör utan 102.9.
-, nit- 27.4.
-, rem- 80.7.
-, rör-, gängad 98.6.
-fritt rör 102.9.
-plåt 29.3.
-plåtsnitning, dubbel
    29.2.
-plåtsnitning, enkel
    29.1.
-ribba 29.3.
-rör, inre - med gän-
    gade ändar 107.3.
-yxa 191.8.
skava 177.1, 2.
- efter 177.3.
skavare 176.3.
skavstål 176.3.
-, hjärtformigt 176.7.
-, plan- 176.4.
-, trekant- 176.6.
-, trekant-, skålslipat
    176.5.
skeppshyvel 193.7.
skiftare, rem- 84.3.
skiftnyckel 18.1, 2.
skikt, smörj- 48.8.
skiss 222.9.
-, frihands- 222.10.
-, mått- 223.8.
-, projekt- 223.3.
-block 220.5.

skisspapper 220.4.
skissera 222.8.
skiva 93.2.
-, drivande 75.6.
-, driven 75.7.
-n, bussning för noll-
    83.9.
-n, remmen hoppar av
    79.5.
-n, slå av en rem från
    79.8.
-ns bredd 81.10.
-ns krans (remskiva)
    81.8.
-ns ring 81.8.
-, broms- 96.3.
-, differential- 94.5.
-, diskus- 74.3.
-, driv- 75.6.
-, excenter- 143.6.
-, excenter-, odelad
    143.7.
-, excenter-, tudelad
    143.8.
-, fast- och lös- 83.6.
-, friktions- 74.3.
-, grad- 229.4.
-, gäng- 20.2.
-, hamplin- 87.4.
-, kopplings- 57.6.
-, kopplings- (med frik-
    tionskon) 61.2.
-, kätting- 90.8.
-, lin- 87.1.
-, lock- 169.1.
-, noll- 83.8.
-, plan- 208.7.
-, rem- 81.7.
-, rem- av gjutjärn
    82.7.
-, rem- av smidesjärn
    82.8.
-, rem- av trä 83.1.
-, rem-, delad 83.3.
-, rem-, fast 83.7.
-, rem-, lös 83.8.
-, rem- med dubbelt
    armsystem 82.6.
-, rem- med krökta
    armar 82.5.
-, rem- med raka ar-
    mar 82.4.
-, rem- med rak profil
    82.1.
-, rem- med välvning
    82.2.
-, rem-, odelad 83.2.
-, rem- utan välvning
    82.1.
-, rem-, välvd 82.2.
-, slip- 197.7.
-, smärgel- 198.2.
-, styr- 77.9, 84.7.
-, trapp- 83.5.
-, trådlin- 87.3.

skiva, vev- 142.2.
-, vinkelgrad- 229.5.
skiv||broms, konisk
 96.8.
-fräs 183.6.
-kolv 140.3.
-koppling 57.5.
-ventil 126.8.
skjuta över remmen
 från nollskivan på
 fasta skivan 84.1.
skjutmått 204.6.
skjuv||hållfasthet
 252.6.
-ning 252.5.
-ningskoefficient
 252.9.
-påkänning 252.7.
-spänning 252.8.
-yta 28.4.
sko, glid- 146.6.
skopa, smält- 203.4.
skorsten 166.3.
skrift, rund- 231.6.
skriva på mått 225.9.
skrot, av- 165.7.
-mejsel 165.8.
-mejsel, kall- 165.10.
-mejsel, varm- 165.9.
skrota 165.6.
skrubb||fil 173.3.
-hyvel 192.10.
skruv 11.2, 71.7.
-, draga en 19.6.
-, flergängad 16.3.
-, förvrida en 19.8.
-, lossa en 19.4.
- med försänkt huvud
 och mutter 14.4.
- och skruvhjul 71.5.
-, sätta an en 19.7.
-ar, fästa med 18.9.
-ar, förbinda med 18.5.
-ar, gänga - med svarv-
 stål 20.4.
-ar, skära - med gäng-
 skiva 20.3.
-en, - har x gängor per
 tum 7.6.
-ens kärna 8.5.
-ens kärndiameter 8.3.
-ens ·stigning 7.8.
-ens yttre diameter
 8.4.
-, fot- (lager) 43.8.
-, fäst- 13.4.
-, kolvlock- 139.6.
-, kopplings- 57.4.
-, kordong- 15.5.
-, lock- 130.6, 7.
-, lock- (lager) 43.6.
-, mikrometer- 15.5.
-, packdos- 133.3.
-, rem- 81.5.
-, rörelse- 13.6.

skruv, skall- 13.9.
-, skall- med mutter
 11.9.
-, skår- 15.2.
-, stopp- 15.1.
-, ställ- med vridpinne
 15.3.
-, tryck- 13.7.
-, trä- 16.4.
-, ventillock- 112.4.
-, ving- 15.4.
-bult 11.2.
-fjäder, cylindrisk
 148.3.
-fjäder, konisk 148.4.
-förband 11.1.
-förbindning 11.1.
-gänga 7.7.
-gängstål 20.7.
-hjul 71.6 och 8.
-hjul, cylindriskt 71.8.
-hjul, skruv och 71.5.
-hjulsväxel 71.5.
-linje 7.1.
-mejsel 18.3.
-mothållare 32.4.
-mått 204.4.
-nyckel 16.5.
-nyckel, dubbel 17.1.
-nyckel, enkel 16.8.
-nyckel, ställ- 17.3.
-plugg 13.5, 105.1.
-stift 15.2.
-stycke 153.1.
-stycke, bänk- 153.2.
-stycke, parallell-
 154.2.
-stycke, rör- 154.3.
-styckets käftar
 153.5.
-stycket, spänna fast
 ett arbetsstycke i
 153.3.
-styckspindel 153.4.
-städ 153.1.
-säkring 13.3.
-tving 154.4, 196.9.
-vindling 7.5.
-yta 7.4.
-ögla 14.2.
skruva an 18.7.
- av 19.3.
- fast 18.9.
- ihop 19.2.
- in 18.6.
- loss 19.3.
- till 19.1.
- tillsammans 19.2.
skränka 187.1.
skränk||järn 186.9.
-t tand 186.8.
skyffel, slagg- 166.9.
skål (koppling) 57.1
 och 3.
-, kopplings- 57.1, 3.

skål, kullager- 45.7.
-, lager- 42.4.
-, lager-, efterställbar
 42.5.
-fläns 43.3.
-formigt huvud, nit
 med 27.1.
-kil 24.4.
-koppling med krymp-
 ringar 56.8.
-koppling (med skru-
 var) 57.2.
-slipat trekantskavstål
 176.5.
skår||fil 175.4.
-skruv 15.2.
-såg 189.1.
skär, borr med ensidigt
 180.1.
-, borr med tvåsidigt
 180.2.
-, såg- 185.4.
-yta 28.4.
-vinkel 185.9.
skära gängor 19.9.
- gängor med tapp
 21.4.
-, lagret skär i 48.5.
- skruvar med gäng-
 skiva 20.3.
- sågtänder 187.2.
slag, ventilens 114.1.
-, bakåt-, kolvens
 137.10.
-, dubbel- av kolven
 137.8.
-, framåt-, kolvens
 137.9.
-, kolv- 137.7.
-, körn- 168.5.
-, nedåt-, kolvens
 138.2.
-, uppåt-, kolvens
 138.1.
-, vatten- 110.3.
-begränsning 114.2.
-begränsningskon
 114.3.
-borr 181.7.
-lod 202.7.
slagg||skyffel 166.9.
-spett 166.6.
slamventil 122.9.
slid 126.3.
-, avlastad 127.5.
-, balanserad 127.5.
-, cirkel- 126.8.
-, Corliss- 126.7.
-, fördelnings- 126.9.
-, gas- 126.5.
-, kolv- 127.4.
-, mussel- 127.2.
-, plan- 127.1.
-, rund- 127.4.
-, spärr- 126.3.

slid, vatten- 126.4.
-, vrid- 126.7.
-, ång- 126.6.
-styrning 127.6.
-stång 127.3.
slipa 197.5.
- dragstiftet 230.1.
- in en kolv 140.2.
- in ventilen 113.6.
slipad brotsch 177.5.
slipmaskin 197.6.
-, smärgel- 198.7.
slipskiva 197.7.
slipsten 196.10.
-ens finkornighet 197.2.
-stråg 197.1.
slira, remmen -r 79.1.
slita, lagret slites 48.4.
sliten cylinder, svarva ur en 131.4.
slits||fräs 184.2.
-såg 189.9.
slussventil 125.1.
- för gasledning 126.5.
- för vattenledning 126.4.
sluten kraftpolygon 242.8.
- lina 85.7.
slutet hänglager 46.8.
- vevstakshuvud 145.1.
slut||hastighet 235.9.
-huvud 26.5.
-linje 242.7.
slå av en rem från skivan 79.8.
- av, remmen slår av 79.5.
- en lina 85.4.
- från kopplingen 59.6.
-, remmen slår 78.8.
- till kopplingen 59.5.
- ut en kil 25.7.
- ut hål 169.6.
slägga 161.3, 6, 7.
släng, axel med vev- 36.9.
-, böja till en vev- 37.1.
-, vev- 36.10.
-ad, två- vevaxel 37.2.
slätborr 179.4.
slätfil 172.5.
-, fin- 172.7.
-, för- 172.6.
slät||hammare 162.5.
-hyvel 193.1.
smedstäd 158.6.
smida 163.9, 164.2.
- i sänke 164.3.
-, sänk- 164.3.
smidesbläster 167.1.

smides||hammare 161.1.
-järn 212.5.
-järn, remskiva av 82.8.
-järnsrör 102.2.
-sparr 158.7.
-tång 166.10.
-tång med spännring 155.8.
-verktyg 166.5.
-ässja 166.1.
smyg 208.5.
-vinkel 208.5.
smälla, ventilen smäller 115.1.
smältskopa 203.4.
smärgel 197.8.
-bryne 198.1.
-cylinder 198.4.
-duk 197.10.
-papper 197.9.
-pulver 198.8.
-ring 198.3.
-skiva 198.2.
-slipmaskin 198.7.
-sten 198.5.
-sticka 198.1.
smärgla 198.6.
smörja lagret 48.7.
smörjanordning 53.3.
-, automatisk 49.7.
-, lokal 50.1.
-, central- 50.3.
-, hand- 49.5.
smörj||behållare, roterande 54.8.
-hål 44.4, 52.5.
-kanna 51.9, 52.1.
-kanna, ventil- 51.10.
smörjkopp 53.5, 8.
-, cylinder- 53.6.
-, dropp- 54.6.
-, glas- 53.9.
-, nål- 54.5.
-, Stauffer- 55.8.
-, vek- 54.2.
-, vinkel- 55.9.
smörjlåda 53.7.
smörjmedel 50.4.
-, flytande 50.5.
-, halvfast 50.6.
smörjning, automatisk 49.6.
-, intermittent 49.3.
-, kontinuerlig 49.2.
-, lokal 49.8.
-, periodisk 49.3.
-, central- 50.2.
-, centrifugal- 54.9.
-, cylinder- 131.7.
-, hand- 49.4.
-, kolv- 137.3.
-, olje- 52.4.
-, ring- 55.1.

smörjning, vek- 54.1.
smörj||olja 50.8.
-press 55.7.
-ring 52.8, 55.2, 133.6.
-rör 53.4.
-skikt 48.8.
-spruta 52.2.
-spår 44.5, 52.6.
smörjämne 50.4.
-, animaliskt 51.2.
-, vegetabiliskt 51.3.
snarka 182.9.
sned klove 154.7.
snett kast 237.5.
- lager 44.8.
snäcka 71.7.
-, rem- 83.5.
snyftventil 122.1.
snäckborr 181.1.
- med skaftöga 181.2.
snäckfräs 184.6.
snäckhjul 71.6.
snällod 202.6.
snöre, asbest- 135.6.
-, hamp- 135.4.
-, läder- 81.3.
-, rem- 81.3.
sock, borr- 182.9.
-, spärr- 182.9.
spak, kopplings- 59.2.
sparr, städ med 158.9.
-, städets 159.1.
-, smides- 158.7.
sparrhorn 159.2.
- med två horn 159.4.
sparrstäd 158.7, 159.2.
specifikt kuggtryck 66.4.
- yttryck 40.7.
spegeljärn 211.1.
spel, ventilens 115.4.
spel||lina 88.2.
-rum, axiellt kolv- 136.4.
-rum mellan kolv och lock 136.4.
spets, centrum- 180.5.
-, nål- 227.7.
-, passar- 227.1.
-, rits- 207.6.
-ambult 159.6.
-borr 180.3.
-cirkel 207.4.
-flat fil 173.7.
-hammare 161.8.
-klove 154.8.
-kolv 201.8.
-linje 186.2.
-nitning 30.3.
-tapp 39.1.
-vinklig förgrening 106.3.
spetsa blyertsen 230.3.

— 51 —

spetsare, blyerts- 230.4.
spetsig fil 173.6.
spett, slagg- 166.6.
spik 195.6.
-borr 179.7.
-hammare 196.3.
-hål 196.2.
-utdragare, hammare med 162.3.
spika 195.7.
- ihop 196.1.
spillkopp 44.6, 52.9.
spindel, borr- 178.6.
-, regulator- 150.8.
-, skruvstycks- 153.4.
-, ventil- 113.7, 125.4.
-olja 51.7.
-styrning 117.7.
spiral, kyl- 104.7.
-, upphettnings- 104.8.
-borr 180.6.
-borr med skaftöga 181.4.
-brotsch 177.7.
-fjäder 148.1.
-slagen lina 85.6.
-spår, brotsch med 177.7.
-svetsat rör 102.7.
-vällt rör 102.7.
splits 85.8, 10.
-a linan 85.9.
spricka, härdnings- 199.11.
sprint, bult med 14.8.
-, förse en bult med 14.9.
-, sax- 24.10.
spruta, olje- 52.2.
-, smörj- 52.2.
språng 70.5.
sprängt hjul 69.10.
spån, fil- 171.8.
-, hyvel- 192.6.
-, såg- 187.4.
spår, brotsch med raka 177.8.
-, fjäder och 25.3.
-, fläns med nedsvarvat - för packningen 100.1.
-, kil- 23.3, 75.1.
-, lin- 87.2.
-, smörj- 44.5, 52.6.
-, spiral-, brotsch med 177.7.
-fräs 183.7.
spänd såg 189.2.
spänn||klove 155.2.
-pinne 189.8.
-ring 139.7.
-ring, smidestång med 155.8.
-rulle 78.2.

spänn||rulle, remdrift med 78.1.
-såg 189.7.
-tång 155.8.
spänna fast ett arbetsstycke i skruvstycket 153.3.
spänna remmen 79.3.
-re, rem- 80.8.
spänning 247.3.
-, belastnings-, remdrift med 78.1.
-, böjnings- 251.7.
-, drag- 250.6.
-, lin- 84.6.
-, normal- 247.4.
-, rem- 75.8.
-, skjuv- 252.8.
-, tryck- 251.2.
spärr 95.7.
-, spärrhjul och - (-klinka) 95.5.
-, friktions- 95.8.
-, kläm- 95.8.
-anordning 95.4.
-hake 95.7.
-hjul 95.6.
-hjul och spärr (-klinka) 95.5.
-klaff 124.1.
-klinka 95.7.
-kloss 95.9.
-kran 129.4.
-mekanism 95.4.
-slid 126.3.
-sock 182.9.
-ventil 121.1.
-ventil, ång- 121.2.
stabb 158.5.
stabil jämvikt 244.8.
stag (kätting) 90.2.
-bult med ansats 14.5.
-bult med avståndsrör 14.6.
-kätting 90.1.
stake, botten- 159.9.
-, vev- 144.7.
stans, drag- 30.8.
-, nit- 31.8.
stansa ut sågtänder 187.2.
stark nitning 28.1.
statiskt moment 243.6.
Stauffersmörjkopp 55.8.
sten, bryn- 197.3.
-, olje- 197.4.
-, slip- 196.10.
-, smärgel- 198.5.
-bult 15.6.
-mejsel 167.8.
sticka av en axel 37.3.
sticka, räkne- 222.1.
-, smärgel- 198.1.

stickcirkel 207.4.
stickmaskin för kilspår 23.6.
stickmått 205.2.
- (med sfäriska ändar) 205.3.
-, cylinder- 205.4.
stickpassare 207.4, 228.2.
sticksåg 188.10.
stift, slipa drag-et 230.1.
-, centrum- 228.7.
-, drag- 229.6.
-, dubbeldrag- 229.8.
-, häft- 220.6.
-, kurvdrag- 229.7.
-, prickningsdrag- 229.9.
-, punkteringsdrag- 229.9.
-, skruv- 15.2.
-klove 155.1.
-nyckel 17.8.
-tång 155.9.
stigning 7.3.
-, skruvens 7.8.
-svinkel 7.2.
stil, rak 231.7.
stillastående lina 86.6.
stock, hyvel- 191.11.
-, meter- 221.7.
-, mått- 221.1.
-, mått-, tumgraderad 221.8.
-, städ- 158.5.
-, tum- 221.3 o. 8.
-sax 157.3.
-såg 188.5 och 6.
stoft, fil- 171.9.
stol, hänglager- 46.7.
-, lager- 47.2.
-, vägglager- 46.5.
stopp||ring 36.8.
-skruv 15.1.
stoppa en maskin 255.8.
storlek, rita i full 218.2.
stos 36.7.
strecka 226.2.
streckpricka 226.4.
strigel, blyerts- 230.5.
stropp, block- 93.5.
strykmått 207.9.
strypa 124.7.
strypning 124.8.
stråke 182.4.
sträcka en fjäder 148.9.
sträcka, ingropps- 64.2.
sträck||gräns 250.1.
-hammare 161.2.
sträckning 250.2.

— 52 —

stubblager 44.7.
stuka 164.7.
stukning 164.8.
stum vällfog, rör med 102.5.
stumt svetsat rör 102.5.
stuts, rör- 108.10.
-, rör- med fläns 100.2.
stycke, form- 105.4.
-, fyrvägs- 106.8.
-, glid- 145.6.
-, knä- 107.4 och 7.
-, kors- 106.5.
-, T- 106.6.
-, trevägs- 106.7.
-, U- 105.8.
-, vinkel- 107.5.
styr‖axel 34.4, 37.4.
-bygel 116.9.
-bygel, kätting- 90.7.
-hylsa 146.2.
-rulle 77.9, 84.7.
-skiva 77.9, 84.7.
-tapp 117.6.
-vinge 117.4.
styrning för kolvstången 136.8.
-, rätlinig 145.5.
-, slid- 127.6.
-, spindel- 117.7.
-, stång- 146.1.
-, tapp- 117.5.
-, tvärstycks- 146.4.
-, ventil- 116.10, 120.9, 125.8.
-, ving- 117.1.
-slist 126.1.
-smutter 126.2.
styvhet, lin- 86.3.
stå och slå, ventilen står och slår 114.9.
stående axel 36.2.
stående gjutet rör 101.10.
stål 213.5.
-, bessemer- 213.9.
-, cement- 214.2.
-, degelgjut- 214.4.
-, garv- 214.3.
-, göt- 213.8.
-, martin- 214.1.
-, nickel- 214.5.
-, puddel- 213.7.
-, skav- 176.3.
-, thomas- 213.10.
-, verktygs- 214.7.
-, volfram- 214.6.
-, väll- 213.6.
-gjutgods 212.3.
-kil 22.4.
-trådslina 86.8.
stålager 42.3.
- med kulrörelse 45.1.
stång, excenter- 144.2.

stång, glid- 146.3.
-, kolv- 136.6, 146.8.
-, koppel- 145.4.
-, kugg- 70.7.
-, slid- 127.3.
-cirkel 228.6.
-förbindning 61.7.
-järn 214.8.
-styrning 146.1.
städ 158.3.
- med horn 158.9.
- med sparr 158.9.
-ets ban 158.4.
-ets horn 159.1.
-ets sparr 159.1.
-, bänk- 158.8.
-, filhuggnings- 171.1.
-, skruv- 153.1.
-, smed- 158.6.
-, sparr- 158.7, 159.2.
-stock 158.5.
ställ, glasrörs- 111.2 a.
-, portfölj- 219.3.
-kil 25.1, 44.2.
-mutter 12.9.
-ring 36.8.
-skruv 15.1.
-skruv med vridpinne 15.3.
-skruvnyckel 17.3.
-tyg, regulatorns 151.4.
ställe, löd- 201.5.
ställning, såg med 189.2.
-, såg utan 188.3.
-, bågfils- 189.4.
stämjärn 194.4.
stämma 194.5.
stänga kranen 128.2.
- ventilen 115.3.
stängning, ventilens 115.5.
stöd‖kullager 41.3.
-lager 40.8.
-lager, ringformigt 41.1.
-platta 40.9.
-platta, ringformig 41.2.
-tapp 38.7.
-tapp, ringformig 38.8.
stöt å vevtappen 142.8.
sug‖klaff 124.2.
-ledning 108.7.
-papper 232.9.
-rör 108.5.
-sil 108.6.
-ventil 115.3.
sula, lager- 43.7.
svamp 233.2.
-, tvätta av ritningen med 233.1.
svans, fog- 188.7.
-, fux- 188.7.
svartplåt 216.2.

svarv, axel- 35.1.
svarvstål, gänga skruvar med 20.4.
svarva axlar 35.3.
- ur en cylinder 131.3.
- ur en sliten cylinder 131.4.
svarvareverkstad för axlar 35.2.
svets 164.10, 165.2.
-, sido- (kätting) 89.7.
-, änd- (kätting) 89.6.
-fel 165.4.
-fog 165.2.
-hetta 165.3.
svetsa 164.9.
- ihop 165.1.
- på 164.11.
-d kätting 89.5.
-t rör 102.4.
-t rör, lapp- 102.6.
-t rör, spiral- 102.7.
-t rör, stumt 102.5.
svetsning 164.10.
svivel 92.5.
sväng, borr- 182.5, 8.
svänghjul 149.4.
- med kuggar 150.4.
-, tudelat 149.9.
-ets arm 149.6.
-ets krans 149.5.
-ets nav 149.7.
-ets ring 149.5.
-sexplosion 150.5.
svängning, pendel- 239.2.
svängningstid 239.3.
svärdfil 175.2.
sy ihop remmen 81.2.
syra, löd- 202.9.
såg 185.3.
- med ställning 189.2.
-, ospänd 188.3.
-, spänd 189.2.
-, utan ställning 188.3.
-, band- 190.3.
-, buk- 188.6.
-, båg- 189.3.
-, cirkel- 190.4.
-, hand- 188.1.
-, instryks- 189.1.
-, kall- 187.7.
-, klo- 189.6.
-, klov- 189.6.
-, kran- 188.4.
-, löv- 189.5.
-, metall- 187.9.
-, ram- 190.6.
-, rund- 190.1.
-, rygg- 188.8.
-, skär- 189.1.
-, slits- 189.9.
-, spänn- 189.7.
-, stick- 188.10.
-, stock- 188.5 och 6.

såg, trä- 187.10.
-, tvär- 188.5 och 6.
-, tvåmans- 188.2.
-, varm- 187.8.
-, ört- 189.7.
-angel 185.6.
-blad 185.5.
-blad, perforerat 186.7.
-block 190.7.
-fil 175.7.
-klinga 185.5.
-maskin 190.2.
-ram 190.5.
-rygg 188.9.
-skär 185.4.
-spån 187.4.
-tand 185.7.
-trä 190.7.
-tänder, skära 187.2.
-tänder, stansa ut
  187.2.
såga 187.3.
-, kall- 187.5.
-, varm- 187.6.

säck, vatten- 110.2.
säkerhets||klaff 123.6.
-ventil 119.6.
-ventil med fjäderbe-
  lastning 120.1.
-ventil med viktbelast-
  ning 119.7.
-vev 142.7.
säkring, kil- 25.5.
-, skruv- 13.3.
sänke 164.4.
-, smida i 164.3.
-, skall- 32.5.
-, under- 164.5.
-, över- 164.6.
sänk||hammare 163.5.
-lod 209.2.
-plan 160.2.
-platta 160.2.
-smida 164.3.
säte, ventil med dubb-
  la -n 118.7.
-ts tätningsyta 113.5.
-, hjul- 33.5.

säte, nav- 33.5.
-, ventil- 113.4, 125.6.
sätt, belastnings-
  247.8.
-hammare 32.2, 162.4.
-huvud 26.4.
-härdning 200.1.
, sätta an en kil 25.9.
- an en skruv 19.7.
- an en skruv så hårt
  att gängan deforme-
  ras 19.8.
- an lagret 48.6.
- i gång en maskin
  255.6.
- in (trä-)kuggar i ett
  hjul 72.7.
- på mått 225.9.
- sig, packdosan sätter
  sig i bänd 134.5.
- sig, ventilen sätter
  sig i bänd 114.7.
sättning, mått- 225.10.
söm, nit- 27.5.

T

tachometer 209.4.
tackjärn 210.3.
-, grått 210.5.
-, halverat 210.6.
-, halvgrått 210.6.
-, halvvitt 210.6.
-, vitt 210.4.
tag, fil- 171.7.
taga ned en maskin
  255.4.
talja 93.7.
-, kätting- 94.7.
-, rep- 94.6.
tallrik, ventil- 116.4.
tallriksventil 116.3.
tand (koppling) 60.3.
-, skränkt 186.8.
-, triangulär 186.4.
-, fräs- 183.3.
-, M- 186.6.
-, såg- 185.7.
-, trekant- 186.4.
-, varg- 186.5.
-koppling 60.2.
tangential||accelera-
  tion 236.8.
-kil 24.5.
-kraft 237.2.
-krysskil 24.5.
-motstånd 238.6.
tank, olje- 51.8.
tapp 37.6, 62.1.
-, cylindrisk 39.2.
-, gängad med 21.4.
-, inlöpt 38.3.
-, insatt 39.6.

tapp, konisk 39.3.
- med buntar 38.9.
-, sfärisk 39.4.
-, skära gängor med
  21.4.
-, vrida sig kring en
  39.8.
-, axel- 35.6.
-, block- 93.6.
-, bär- 38.4.
-, gaffel- 39.5.
-, hals- 35.7.
-, hals- (med buntar)
  38.5.
-, kam- 38.9.
-, krok- 92.3.
-, kul- 39.4.
-, länk- 62.1.
-, spets- 39.1.
-, styr- 117.6.
-, stöd- 38.7.
-, stöd-, ringformig
  38.8.
-, tvärstycks- 146.7.
-, vev- 141.6.
-, vridnings- 39.7.
-, änd- 38.6.
-borr 179.8.
-brotsch 178.1.
-friktion 33.9, 38.1.
-lager, kul- 45.6.
-lager, vev- 141.7.
-styrning 117.6.
-tryck 37.9.
tappa av oljan 55.6.
T-balk 215.7.

tenn 216.10.
-lod 202.5.
texta en ritning 231.5.
textpenna 231.4.
T-formigt huvud
  (skruven) 12.4.
thomas||järn 213.3.
-stål 213.10.
tid 235.4.
-, fall- 236.4.
-, kast- 236.6.
-, svängnings- 239.3.
till||blanda färg 232.7.
-böja en vevsläng 37.1.
-försel, olje- 52.3.
-koppla 59.5.
-kopplad, direkt 62.7.
-koppla, till- och från-
  84.2.
-loppsrör 109.2.
-låten påkänning 247 7.
-pressningskraft 73.5.
-skruva 19.1.
-slutning, rör- 104.9.
-slå kopplingen 59.5.
-verka en maskin
  253.8.
-verkare, maskin-
  254.2.
-yxa 191.9.
tjocklek, packningens
  133.2.
-, ringens (remskiva)
  81.9.
-, fläns- 99.2.
-, gods- 98.1.

tjocklek, kugg- 65.6.
-, rem- 76.9.
T-järn 215.7.
toleranstolk 206.4.
tolk 204.3.
-, bult- och mutter-
206.1.
-, cylinder- 205.8.
-, gaffel- 205.5.
-, gräns-· 206.4.
-, gäng- 206.1 och 2.
-, hål- 205.7.
-, normal- 206.5.
-, plåt- 206.3.
-, tolerans- 206.4.
-, tråd- 206.6.
torr sand, gjutning i
211.7.
totala arbetet 246.6.
totalacceleration
237.1.
translation 240.5.
transmission, kugg-
68.1.
-, kätting- 88.5.
-, lin- 84.5.
-, rem- 75.5.
-skätting 91.6.
-slina 87.5.
trapetsänga 10.4.
trapp‖skiva 83.5.
-ventil 118.6.
tre‖dubbel gänga 9.3.
-kantfil 174.2.
-kantig ögla (kätting)
93.1.
-kantskavstål 176.6.
-kantskavstål, skålsli-
pat 176.5.
-kanttand 186.4.
trevägs‖kran 128.9.
-stycke 106.7.
-ventil 118.1.
triangel, kraft- 242.2.
triangulär gänga 9.5.
- tand 186.4.
trissa, pall- 95.6.
-, pall- och pall 95.5.
trottel‖klaff 124.6.
-ventil 124.6.
trubbig fil 173.5.
- flatfil 174.1.
trumaxel 95.1.
trumma 94.8.
-ns mantel 94.9.
-, kätting- 95.3.
-, lin- 95.2.
-, vägg- 47.3.
tryck 250.7.
-, en kropp är utsatt
för 247.6.
-, axel- 33.7.
-, excenter- 144.3.
-, kugg- 66.3.
-, kugg-, specifikt 66.4.

tryck, lager- 40.6.
-, normal- mot banan
145.9.
-, tapp- 37.9.
-, ventilöver- 114.4.
-, yt- 40.7.
-, yt-, specifikt 40.7.
-hållfasthet 250.8.
-klaff 124.3.
-kraft 251.1.
-ledning 108.9.
-påkänning 250.9.
-rör 108.8.
-skruv 13.7.
-spänning 251.2.
-ventil 121.7.
tråd‖klinka 206.6.
-lina 86.7.
-lina, stål- 86.8.
-linskiva 87.3.
-lyra 206.6.
-sax 155.10, 158.2.
-tolk 206.6.
tråg, slipstens- 197.1.
trä mot järn-kuggning
72.5.
trä, remskiva av 83.1.
-, såg- 190.7.
-borr 180.8.
-hammare 163.6.
-kil 22.2.
-kugge 72.3.
-kuggar, hjul med 72.1.
-kuggar, kugga (med -)
72.7.
-kuggar, sätta in - i
ett hjul 72.7.
-skruv 16.4.
-såg 187.10.
tröghetsmoment
243.7.
-, ekvatorialt 243.8.
-, polärt 244.1.
T-stycke 106.6.
tub 108.2, 4.
-, färg- 232.4.
-, ångpanne- 107.10.
-krats 111.1.
-rensare 110.9.
-viska 110.9.
tudela‖d excenterskiva
143.8.
-t svänghjul 149.9.
tum‖graderad mått-
stock 221.8.
-stock 221.8.
-stock (ledad) 221.3.
tunga, fågel- 174.8.
tunn‖flutenhet 50.7.
-plåt 216.3.
tusch, (flytande)
231.3.
-gummi 230.10.
-hållare 231.9.
-insats 227.5.

tuschkopp 232.6.
tuscha 231.2.
tving, bänk- 154.5.
-, lim- 196.9.
-, skruv- 154.4, 196.9.
T-vinkel 208.3.
tvångstyrd ventil
120.8.
tvåmans‖såg 188.2.
-vev 142.6.
två‖radig nitning 29.6.
-sidigt skär, borr med
180.2.
-skärig nitning 28.5.
-slängad vevaxel 37.2.
tvär‖kil 22.6.
-penshammare 161.6,
162.1.
-sektion 225.1.
-snittsförminskning
248.8.
-snittskontraktion
248.8.
-stycke 146.5.
-stycksgejd 146.4.
-styckskil 147.1.
-stycksstyrning 146.4.
-styckstapp 146.7.
-såg 188.5 och 6.
tvätta av ritningen
med svamp 233.1.
tyngd 244.3.
-kraft 244.3.
-punkt 244.2.
tågpolygon 242.6.
tång 155.3.
-ens käft 155.4.
-, alligatorrör- 110.6.
-, avbitar- 156.1.
-, bak- 194.1.
-, brännar- 156.7.
-, drag- 156.5.
-, flack- 155.5.
-, hov- 156.2, 3.
-, hål- 169.5.
-, knip- 156.2.
-, löd- 156.6, 203.2.
-, nagel- 32.7.
-, plåtböjnings- 156.4.
-, rund- 155.6.
-, rör- 110.7, 155.7.
-, smides- 166.10.
-, smides- med spänn-
ring 155.8.
-, spänn- 155.8.
-, stift- 155.9.
tånge 159.3.
tiljare, slag- 209.3.
tänder, fräs med in-
satta 183.4.
-, fräs med lösa
183.4.
-, såg-, skära 187.2.
-, såg-, stansa 187.2.
tärning 143.3.

tät, cylindern hålles -
medelst en packdosa
135.1.
- nitning 28.2.
-, packdosan är
134.7.

täta, packdosan -r
134.7.
tätning, kolv med la-
byrint- 139.8.
-slist 99.5.
-sring 125.7.

tätningsyta, sätets
113.5.
töjning 248.9.
- vid brottgränsen
249.3.
-skoefficient 249.1.

U

U-balk 215.9.
ugn, löd- 202.3.
-, väll- 165.5.
U-järn 215.9.
under||grad 170.7.
-läggsbricka 11.6.
-sänke 164.5.
undre block 94.3.
universal||led 62.2.
-nyckel 18.2.
upp, kila - 25.6.
upp||hettningsspiral
104.8.
-lösa en acceleration i
komposanter 240.1.
-lösa en hastighet i
komposanter 240.1.
-rymma 178.3.
-rymmare 177.4.
-rymmare, vinkel-
177.6.

upp||sätta en maskin
254.7.
-sättare, maskin-
255.2.
-sättning 255.1.
-sättningsverkstad
255.3.
-vinda en lina 88.3.
-åtslag, kolvens 138.1.
urborra 179.3.
ur||fräsa 184.9.
-holkad krysskil 24.4.
-svarva en cylinder
131.3.
-svarva en sliten cy-
linder 131.4.
U-stycke 105.8.
utblåsnings||kran
129.7.
-ventil 122.4.
ut||byta en axel 34.10.

ut||byte av axel
34.11.
-hugga hål 169.6.
-hugga nitar 31.3.
-kast 223.2.
-kraga röret 103.10.
-kryssa 167.7.
-kryssa nitskallen 31.4.
-rustning, krok- 92.9.
-ryckbar axel 36.6.
-slag, pendel- 238.9.
-slagsvinkel 239.1.
-slå en kil 25.7.
-slå hål 169.6.
-stansa sågtänder
187.2.
-vändigt gängstål 20.7.
-växling 68.8.
-växlingsförhållande
68.8.

V

vagnsfjäder 147.6.
vakuumventil 121.8.
valsat järn 215.5.
- rör 103.1.
valsverk, rör- 103.2, 3.
vara i gång 255.7.
vargtand 186.5.
varm, en maskins la-
ger går -t 48.2.
varm||gång, lagrets
48.3.
-nitning 27.8.
-skrotmejsel 165.9.
-såg 187.8.
-såga 187.6.
varv 34.7.
-, fjäder- 149.1.
-räknare 209.4.
vatten, härdning i
200.5.
-, löd- 202.8.
-färg 232.3.
-kran 129.5.
-ledning 109.10.
-ledning, slussventil för
126.4.
-ledningsventil 128.4,
5.
-pass 208.8.
-pass, dos- 209.1.

vatten||pelare 111.7.
-rör 107.9, 108.3.
-slag 110.3.
-slid 126.4.
-ståndsglas 111.4.
-ståndskran 111.5.
-ståndslinje 111.6.
-ståndsmätare 111.2.
-säck 110.2.
vegetabiliskt smörj-
ämne 51.3.
veke 54.3.
-n filtar ihop sig 54.4.
veksmörj||kopp 54.2.
-ning 54.1.
ventil 112.1, 113.3,
125.5.
-, fjäderbelastad 119.4.
-, konisk 116.5.
- med dubbla säten
118.7.
- med undre vingstyr-
ning 117.3.
- med övre vingstyr-
ning 117.2.
-, rak 117.8.
-, självstyrd 120.7.
-, självverkande 120.7.
-, tvångsstyrd 120.8.
-, viktbelastad 119.2.

ventil||en, avlasta -
115.9.
-en, balansera - 115.9.
-en, balansering av
115.10.
-en, belasta 120.3.
-en hänger upp sig
114.8.
-en, slipa in 113.6.
-en smäller 115.1.
-en står och slår
114.9.
-en, stänga 115.3.
-en sätter sig i bänd
114.7.
-en, öppna 115.2.
-en, överbelasta
120.5.
-ens acceleration 114.6.
-ens lyftning 114.1,
115.7.
-ens lyftningsdiagram
115.8.
-ens massa 114.5.
-ens slag 114.1.
-ens spel 115.4.
-ens stängning 115.5.
-ens öppning 115.6.
, avlastnings- 116.1.

— 56 —

ventil, avlopps- 122.3.
-, avtappnings- 122.6.
-, bakslags- 121.3.
-, balanserings- 116.1.
-, botten- 120.6.
-, fjärils- 126.8.
-, genomblåsnings-
122.5.
-, genomgångs- 117.8.
-, gummiklaff- 123.4.
-, hörn- 117.9.
-, inlopps- 122.2.
-, klock- 119.1.
-, klaff- 123.1.
-, kontra- 121.3.
-, kul- 116.7.
-, luftinsläppnings-
121.8.
-, lyft- 116.2.
-, läderklaff- 123.3.
-, matar- 122.7.
-, mudd- 122.9.
-, prov- 122.8.
-, pådrags- 122.2.
-, reducer- 121.5.
-, ring- 118.2.
-, ring-, dubbel 118.4.
-, ring-, enkel 118.3.
-, ring-, flerdubbel
118.5.
-, rör- 118.8.
-, rörbrotts- 110.5,
121.4.
-, skiv- 126.8.
-, slam- 122.9.
-, sluss- 125.1.
-, sluss- för gasledning
126.5.
-, sluss- för vattenled-
ning 126.4.
-, snyft- 122.1.
-, spärr- 121.1.
-, sug- 121.6.
-, säkerhets- 119.6.
-, säkerhets- med fjä-
derbelastning 120.1.
-, säkerhets- med vikt-
belastning 119.7.
-, tallriks- 116.3.
-, trapp- 118.6.
-, trevägs- 118.1.
-, trottel- 124.6.
-, tryck- 121.7.
-, utblåsnings- 122.4.
-, vakuum- 121.8.
-, vattenlednings-
128.4 och 5.
-, vinkel- 117.9.
-. växel- 118.1.
-, ångavstängnings-
121.2.
-, ångspärr- 121.2.
-anslag 123.5.
-avlastning 115.10.

ventil||belastning
119.3.
-belastningen, justera
120.4.
-fjäder 119.5, 120.2.
-hus 112.2, 125.2.
-husets längd 113.9.
-klaff 123.2.
-kon 116.6.
-kran 128.4 och 5.
-kropp 113.3, 125.5.
-kula 116.8.
-lock 112.3, 125.3.
-lockskruv 112.4.
-smörjkanna 51.10.
-spindel 113.7, 125.4.
-styrning 116.10,
120.9, 125.8.
-säte 113.4, 125.6.
-tallrik 116.4.
-övertryck 114.4.
verkan, elastisk efter-
249.6.
verk||bänk 256.2.
-mästare 254.4.
verkningsgrad 246.8.
verkstad 256.1.
-, maskin- 254.1.
-, mekanisk 254.1.
-, monterings- 255.3.
-, svarvar- för axlar
35.2.
-, uppsättnings- 255.3.
-shammare 160.9.
verktyg 256.4.
-, borr- 182.1.
-, hand- 256.5.
-, smides- 166.5.
-slåda 256.3.
-snaskin 256.8.
-sstål 214.7.
vertikal axel 36.2.
- rem 78.5.
-projektion 224.3.
vev 141.2.
- och kuliss 143.1.
-en, draga 142.9.
-, enmans- 142.5.
-, hand- 142.3.
-, mot- 142.1.
-, säkerhets- 142.7.
-, tvåmans- 142.6.
-, änd- 141.8.
-arm 141.3.
-axel 141.4.
-axel, tvåslängad 37.2.
-axellager 47.7, 141.5.
-borr 182.7.
-handtag 142.4.
-kropp 141.3.
-lager 47.7, 141.5.
-rörelse 140.8.
-skiva 142.2.
-släng 36.10.
-släng, axel med 36.9.

vev||släng, böja till en
37.1.
-stake 144.7.
-stakshuvud 144.9.
-stakshuvud av sjö-
maskinstyp 145.2.
-stakshuvud med by-
gel 145.3.
-stakshuvud, slutet
145.1.
-stakshuvud, öppet
145.2.
-staksskaft 144.8.
-tapp 141.6.
-tappen, stöt å 142.8.
-tapplager 141.7.
veva 142.9.
vidd, kast- 237.7.
-, luck- 65.7.
-, rör- 97.6.
vikt, belastnings-
119.8.
-, regulator- 152.1.
-belastad ventil 119.2.
-belastning, säkerhets-
ventil med 119.7.
-sregulator 151.9.
vilo||belastning 248.1.
-friktion 246.2.
vinda av en lina 88.4.
- upp en lina 88.3.
vindling, -ar, fjäderns
antal 149.2.
-, fjäder- 149.1.
-, skruv- 7.5.
ving||e, styr- 117.4.
-mutter 12.7.
-skruv 15.4.
-styrning 117.1.
-styrning, ventil med
undre 117.3.
-styrning, ventil med
övre 117.2.
vinkel (rör) 107.5,
208.1, 219.8.
-, anslags- 208.2.
-, egg- 185.8.
-, friktions- 245.9.
-, förminsknings-
107.6.
-, förskärnings- 186.1.
-, försänknings- 26.6.
-, förvridnings- 253.5.
-, kast- 237.6.
-, kil- 21.9, 75.2.
-, lutnings- 239.7.
-, omfattnings- (rem-
ledning) 76.3.
-, rotations- 241.2.
-, sexkant- 208.4.
-, skär- 185.9.
-, smyg- 208.5.
-, stignings- 7.2.
-, T- 208.3.
-, utslags- 239.1.

vinkel, vridnings- 241.2.
-acceleration 241.4.
-gradskiva 229.5.
-hake 208.1, 219.8.
-hake med anslag 208.2.
-hastighet 241.3.
-järn 215.6.
-järnsfläns 100.3.
-konsol 47.6.
-kran 128.8.
-kugge 70.4.
-kuggar, hjul med 70.3.
-linjal 219.5.
-linjalens huvud 219.6.
-remledning 77.8.
-smörjkopp 55.9.
-stycke 107.5.
-upprymmare 177.6.
-ventil 117.9.
vinschlina 88.2.
vridande moment 253.4.
vridning 253.2.
-spåkänning 253.3.
viska, kyl- 166.8.
-, tub- 110.9.
viskositet 50.7.
vit||kopia 234.4.
-metall 217.10.
-metall, fodra ett lager med - (babbits) 43.2.
vitt tackjärn 210.4.
volframstål 214.6.
vrickborr 179.7.
vrida sig kring en tapp 39.8.
vrid||bar mothållare med stöd 32.6.
-slid 126.7.

vridningsaxel 241.1.
-, kraftparets 243.5.
vridnings||fjäder 148.2.
-rörelse 240.6.
-tapp 39.7.
-vinkel 241.2.
vridpunkten, kraftens P hävarm med avseende på - (axeln) O 243.2.
-, kraftens P moment med avseende på - (axeln) O 243.1.
vulst, krans- 69.3.
-, nav- 69.5.
vy, front- 224.2.
-, längd- 224.5.
-, plan- 224.6.
-, sido- 224.3.
-, ytter- 224.4.
våg||plåt 216.6.
-rätt kast 238.1.
våt (rå) sand, gjutning i 211.8.
väg 235.2.
-, huvudets - under ingreppet 64.7.
vägg, rörets 97.8.
-hylla 47.6.
-konsol 46.5.
-konsollager, långsgående 47.5.
-lager 46.4.
-lagerbock 46.5.
-lagerstol 46.5.
-trumma 47.3.
väll 164.10, 165.2.
-fel 165.4.
-fog 165.2.
-fog, rör med stum 102.5.
-hetta 165.3.

väll||järn 212.6.
-stål 213.6.
-ugn 165.5.
välla 164.9.
- ihop 165.1.
- på 164.11.
väll||d kätting 89.5.
-t rör 102.4.
-t rör, spiral- 102.7.
-t rör, lapp- 102.6.
vällning 164.10.
vältsfil 174.7.
välvd remskiva 82.2.
välvning (remskiva) 82.3.
-, remskiva med 82.2.
-, remskiva utan 82.1.
vändnyckel 17.2.
vänster||gänga 8.8.
-gängad 8.9.
väv, kalker- 233.10.
-kopia 233.8.
växel, borrskaft med 182.7.
-, konisk 70.8.
-, konisk, rätvinklig 71.3.
- med inre kuggning 70.1.
-, nittio graders 71.3.
-, diskus- 74.2.
-, friktions- 73.3.
-, kilhjuls- 74.6.
-, kugg- 68.1.
-, kugg-, cylindrisk 68.6.
-, kätting- 88.5.
-, nit- 27.4.
-, planhjuls- 74.2.
-, skruvhjuls- 71.5.
-ventil 118.1.

Y

yta, berörings- 246.1.
-, friktions- 246.1.
-, glid- 145.8.
-, kil- 21.7.
-, lager- 40.5.
-, löp- 38.2.
-, skjuv- 28.4.
-, skruv- 7.4.
-, skär- 28.4.

yta, tätnings-, sätets 113.5.
yt||härdning 200.1.
-tryck 40.7.
-tryck, specifikt 40.7.
ytter||lager 41.6, 48.1.
-vy 224.4.
yttre diameter, skruvens 8.4.

yxa 190.8.
-, bänk- 191.4.
-, hand- 191.3.
-, regel- 191.5.
-, skarv- 191.8.
yxa till 191.9.
yxskaft 191.2.

Z

Z-balk 215.10.
zink 216.9.

zinkhammare 163.7.
Z-järn 215.10.

Zodel-Voiths bandkoppling 61.6.

— 58 —

Å

Ång||avstängningsven-
til 121.2.
-cylinder 132.2.
-kolv 140.5.

ång||ledning 109.9.
-packdosa 133.7.
-pannetub 107.10.
-slid 126.6.

ångspärrventil 121.2.
återgångs||klaff 123.7.

Ä

 änd||lös kätting 91.11.
-lager 41.6.
-svets (kätting) 89.6.

änd||tapp 38.6.
-vev 141.8.
ässja 166.1.

ässja, fält- 167.3.
-, nagel- 32.9.
-, smides- 166.1.

Ö

öga 147.8.
- (yxa) 191.1.
-, skaft-, snäckborr
med 181.2.
-, skaft-, spiralborr
med 181.4.
ögla, trekantig (kät-
ting) 93.1.
-, kätting- 92.10.
-, skruv- 14.2.
öglebult 14.2.
öppen rem 77.5.
- sand, gjutning i 211.4.

öppet hänglager
46.9.
- hänglager med bult-
tillslutning 47.1.
- vevstakshuvud
145.2.
öppna kranen 128.1.
- ventilen 115.2.
öppning, ventilens
115.6.
-, genomlopps- 113.1.
-, krok- 92.2.
örtsåg 189.7.

överbelasta ventilen
120.5.
över||fall 43.5.
-förd kraft (remled-
ning) 75.9.
-grad 170.6.
-lappsnitning 28.7.
-skjuta remmen från
nollskivan på fasta
skivan 84.1.
-sänke 164.6.
-tryck, ventil- 114.4.
övre block 94.2.

Stockholm 1916. P. A. Norstedt & Söner.

SCHLOMANN—OLDENBOURG

ILLUSTRERADE

TEKNISKA ORDBÖCKER

UTGIVNA AV

ALFRED SCHLOMANN

INGENJÖR, MÜNCHEN

MED ETT SVENSKT SUPPLEMENT UNDER REDAKTIONELL LEDNING AV

HENRY BUERGEL GOODWIN

FIL. D:R, STOCKHOLM

BAND I

MASKINELEMENT OCH DE VANLIGASTE
VERKTYGEN

STOCKHOLM   MÜNCHEN och BERLIN
P. A. NORSTEDT & SÖNERS FÖRLAG   R. OLDENBOURG

LONDON: CONSTABLE & CO., LTD. — NEW YORK: MC GRAW PUBLISHING CO. —
PARIS: H. DUNOD & E. PINAT. — ST. PETERSBURG: BUCHHANDELSGESELL-
SCHAFT «KULTUR». — MILANO: SPERLING & KUPFER. — BARCELONA: LIBRERIA
NACIONAL Y EXTRANJERA.

MASKINELEMENT OCH DE VANLIGASTE VERKTYGEN

PÅ SEX SPRÅK

TYSKA, ENGELSKA, FRANSKA, RYSKA,
ITALIENSKA OCH SPANSKA

UNDER REDAKTIONELL MEDVERKAN AV

PAUL STÜLPNAGEL

DIPLOMINGENIEUR, DUISBURG

MED SVENSKT SUPPLEMENT AV

TORSTEN JUNG

ÖVERINGENJÖR, KALMAR

MED 823 FIGURER OCH TALRIKA FORMLER

———◆———

STOCKHOLM
P. A. NORSTEDT & SÖNERS FÖRLAG

MÜNCHEN OCH BERLIN
R. OLDENBOURG

———

LONDON: CONSTABLE & CO., LTD. — NEW YORK: MC GRAW PUBLISHING CO. —
PARIS: H. DUNOD & E. PINAT. — ST. PETERSBURG: BUCHHANDELSGESELL-
SCHAFT «KULTUR». — MILANO: SPERLING & KUPFER. — BARCELONA: LIBRERIA
NACIONAL Y EXTRANJERA.

PAPPER FRÅN LESSEBO

STOCKHOLM 1916
KUNGL. BOKTRYCKERIET. P. A. NORSTEDT & SÖNER
123622

Schlomann–Oldenbourg

ILLUSTRIERTE

TECHNISCHE WÖRTERBÜCHER

In sechs Sprachen

(Deutsch, Englisch, Französisch, Russisch, Italienisch Spanisch)

Unter Mitwirkung
hervorragender Fachleute des In- und Auslandes

herausgegeben von

Alfred Schlomann
Ingenieur

Die „Illustrierten Technischen Wörterbücher" in 6 Sprachen
sind jedem unentbehrlich, der

Technische Übersetzungen auszuführen,
Technische Briefe in fremden Sprachen zu schreiben,
Technische Bestellungen im Ausland aufzugeben, in
Ausländischen Betrieben mit Arbeitern anderer
Sprachen zu tun hat,
Erfindungen und Fabrikate,
Patente des Auslandes studieren, in der
Ausländischen Fachliteratur (Bücher u. Zeitschriften)
Umschau halten, während des
Studiums auf der Hochschule Kenntnisse der fremd-
sprach. Terminologie verhältnismäßig mühelos sich
aneignen will, usw., usw.

Wer jemals versucht hat, auf dem Gebiete der Technik
mit einem **allgemeinen** Wörterbuch auszukommen, wird
schlimme Erfahrungen gemacht haben. Der **Technik** kann
eben nur ein **technisches** Wörterbuch, von **Technikern**
bearbeitet, vollen Nutzen bringen!

Jeder Band ist einzeln käuflich.

1

Illustrierte Technische Wörterbücher

In sechs Sprachen:

Deutsch — Englisch — Französisch — Russisch — Italienisch — Spanisch

Bisher sind erschienen:

BAND 1:

Die Maschinenelemente
und die gebräuchlichsten Werkzeuge

VI und 403 Seiten mit etwa 800 Abbildungen und zahl-
reichen Formeln.

In Leinwand gebunden Preis M. 5.—

INHALTSÜBERSICHT:

Maschinenelemente:

I. Schrauben — II. Keile — III. Nieten — IV. Achsen und Wellen —
V. Zapfen — VI. Lager — VII. Schmierungen — VIII. Kupplungen —
IX. Zahnräder — X. Reibräder — XI. Riementrieb — XII. Ketten-
trieb — XIII. Rollen — XIV. Gesperre — XV. Rohre — XVI. Ven-
tile — XVII. Zylinder — XVIII. Stopfbüchsen — XIX. Kolben —
XX. Kurbeltrieb — XXI. Federn — XXII. Schwungräder — XXIII.
Regler.

Werkzeuge:

XXIV. Schraubstöcke — XXV. Zangen — XXVI. Ambosse — XXVII.
Hämmer — XXVIII. Meißel — XXIX. Feilen — XXX. Schaber —
XXXI. Bohrer — XXXII. Fräser — XXXIII. Sägen — XXXIV. Ver-
schiedene Werkzeuge — XXXV. Schleifwerkzeuge — XXXVI. Das
Härten — XXXVII. Das Löten — XXXVIII. Meßwerkzeuge —
XXXIX. Metalle.

Anhang:

XL. Technisches Zeichnen. — XLI. Allgemeines.

Alphabetisch geordnetes Wortverzeichnis mit Angabe der
Seite und Spalte, in denen jedes einzelne Wort zu finden ist.

Der Band enthält etwa 2200 Worte in jeder der 6 Sprachen

Illustrierte Technische Wörterbücher

In sechs Sprachen:

Deutsch — Englisch — Französisch — Russisch — Italienisch — Spanisch

BAND 2:

Die Elektrotechnik

XII und 2100 Seiten mit etwa 3800 Abbildungen und
zahlreichen Formeln

In Leinwand gebunden Preis M. 25.—

INHALTSÜBERSICHT:

I. Elemente und Batterien

II. Kessel- und Antriebsmaschinen

III. Elektrische Maschinen

Grundbegriffe — Magnetismus — Induktion — Wellen — Phase — Typen — Entwurf — Erregung — Ankerberechnung — Kommutation — Magnetfeld — Erwärmung — Verluste — Parallelarbeiten — Wicklungen — Konstruktion und Fabrikation — Wartung — Prüfung — Unfälle

IV. Schaltapparate

Sicherungen — Regler — Zellenschalter — Schalttafeln

V. Meßinstrumente

VI. Elektrische Zentralen

VII. Leitungen

VIII. Hausinstallation

IX. Beleuchtung

X. Verschiedene Anwendungen der Elektrizität

XI. Telegraphie

Leitungstelegraphie — Signalapparate — Haustelegraphie — Drahtlose Telegraphie

XII. Telephonie — XIII. Elektrochemie — XIV. Elektromedizinische Apparate — XV. Maßeinheiten und Elektrophysik — XVI. Anhang

Alphabetisch geordnetes Wortverzeichnis mit Angabe der Seite und Spalte, in denen jedes einzelne Wort zu finden ist.

Der Band enthält etwa 15000 Worte in jeder der 6 Sprachen

1*

Illustrierte Technische Wörterbücher

In sechs Sprachen:
Deutsch — Englisch — Französisch — Russisch — Italienisch — Spanisch

BAND 3:

Dampfkessel, Dampfmaschinen, Dampfturbinen

XI und 1322 Seiten mit etwa 3500 Abbildungen und zahlreichen Formeln.

In Leinwand gebunden Preis M. 14.—

INHALTSÜBERSICHT:

A. DAMPFKESSEL.

I. Brennstoffe. Feste Brennstoffe, Flüssige Brennstoffe, Gasförmige Brennstoffe. — II. Wärmeerzeugung. Verbrennung, Heizwertbestimmung, Zug, Gasanalyse, Temperaturmessung. — III. Feuerungsanlagen. Feuerung, Rost, Feuerungsteile, Feuerungstypen, Feuerzüge, Schornsteine. — IV. Wärmeübertragung. — V. Arbeitsvorgang im Kessel. Wasserumlauf und Dampfbildung, Theorie des Wasserdampfes. — VI. Materialien und Materialprüfung. Kesselbaumaterial, Materialprüfung, Mechanische Untersuchung, Technologische Proben. — VII. Kesselbau. Bearbeitung der Materialien, Vernietung, Kesselteile und ihre Verbindung. — VIII. Kesselsysteme. — IX. Kesselarmatur. Dampfabsperrorgane, Sicherheitsventile, Speiseventile und Warnapparate, Wasserstandapparate, Manometer. — X. Kesselaufstellung. Lagerung, Einmauerung, Kesselanlage. — XI. Speisevorrichtungen. Wasserbehälter, Speisepumpen, Injektoren, Wasserleitung, Wasserreinigung, Mechanische Wasserreinigung, Chemische Wasserreinigung, Speisewasservorwärmer. — XII. Dampfüberhitzer. — XIII. Wartung der Dampfkessel. Kesselbedienung, Kesselreinigung, Beschädigung und Ausbesserung. — XIV. Kesselexplosion. — XV. Untersuchung von Dampfkesselanlagen. Kesselkontrolle, Kesselleistung und Wärmebilanz.— XVI. Dampfrohrleitung. Rohrverbindung, Rohrverlegung.

B. DAMPFMASCHINEN.

XVII. Theorie der Dampfmaschine. Wärmetheorie, Kondensation, Getriebe, Dampfverteilung, Steuerwirkung, Reglung. — XVIII. Dampfmaschinenteile. Zylinder, Kolben und Kolbenstange, Stopfbüchse, Kreuzkopf und Gleitbahn, Maschinenrahmen, Schubstange, Kurbelwelle und Kurbelwellenlager, Schwungrad, Riemen- und Seiltrieb, Exzenter, Steuerungen, Regler, Dampfzu- und Ableitung. — XIX. Kondensator. — XX. Maschinentypen. — XXI. Aufstellung der Maschine. — XXII. Maschinenbetrieb. Wartung der Maschine, Schmierung, Leistungsbestimmung.

C. DAMPFTURBINEN.

XXIII. Theorie der Dampfturbine. Strömende Bewegung des Dampfes, Arbeitsvorgang in der Turbine, Arbeitsstufen, Turbinenverluste. — XXIV. Dampfturbinenteile. Leitapparat, Laufrad, Turbinenlagerung, Turbinenreglung. — XXV. Turbinenanlagen.

Alphabetisch geordnetes Wortverzeichnis mit Angabe der Seite und Spalte, in denen jedes einzelne Wort zu finden ist.

Der Band enthält etwa 7300 Worte in jeder der 6 Sprachen

Illustrierte Technische Wörterbücher

In sechs Sprachen:

Deutsch — Englisch — Französisch — Russisch — Italienisch — Spanisch

BAND 4:

Verbrennungsmaschinen

X und 618 Seiten mit etwa 1000 Abbildungen und zahlreichen Formeln.

In Leinwand gebunden Preis M. 8.—

INHALTSÜBERSICHT:

I. **Gase und Öle.**
Chemische Grundbegriffe — Brennstoffe — Leuchtgas und Fettgas — Generatorgas — Industrielle Abgase — Gasreinigung — Bewegung der Gase — Gasuntersuchung — Treiböle.

II. **Theorie der Verbrennungsmaschinen.**
Allgemeine Theorie — Arbeitsakte.

III. **Materialien und ihre Verarbeitung.**
Materialien — Fabrikation.

IV. **Konstruktion der Verbrennungsmaschinen.**
Ständer und Rahmen — Zylinder — Kolben — Triebwerk — Triebwerktheorie — Ventilsteuerung — Reglung der Viertaktmaschinen — Steuerung und Reglung der Zweitaktmaschinen — Sonderteile der Ölmotoren.

V. **Ausrüstung der Verbrennungsmaschinen.**
Fliehkraftregler, Zentrifugalregler — Schmierung — Zündung — Anlaßvorrichtung.

VI. **Aufstellung, Montage.**
Fundamentierung der Maschine — Rohrleitungen.

VII. **Gesamtanlagen.**
Ortsfeste Anlagen — Fahrbare Anlagen.

VIII. **Betrieb und Untersuchung.**
Betrieb — Untersuchung.

IX. **Wirtschaftliches.**
Lieferung und Kosten — Arbeitgeber und Arbeitnehmer.

Alphabetisch geordnetes Wortverzeichnis mit Angabe der Seite und Spalte, in denen jedes einzelne Wort zu finden ist.

Der Band enthält etwa 3500 Worte in jeder der 6 Sprachen

Illustrierte Technische Wörterbücher

In sechs Sprachen:
Deutsch — Englisch — Französisch — Russisch — Italienisch — Spanisch

BAND 5:

Eisenbahnbau und -betrieb

Unter Mitwirkung des Vereines für Eisenbahnkunde und des Vereines
Deutscher Maschineningenieure, beide zu Berlin

XIV und 870 Seiten mit etwa 2000 Abbildungen
und Formeln.

In Leinwand gebunden Preis M. 11.—

INHALTSÜBERSICHT:

I. **Allgemeines.**
 a) Grundbegriffe.
 b) Vorschriften.

II. **Vorarbeiten und Vorbereitung der Bauausführung.**
 a) Allgemeines.
 b) Linienführung und Geländeaufnahme.
 c) Neigungs- und Krümmungsverhältnisse.
 d) Vorbereitung der Bauausführung.

III. **Bahnkörper und Zubehör.**
 a) Dämme und Einschnitte, Böschungsanlagen, Entwässerung.
 b) Kreuzungen mit anderen Verkehrswegen, Wasserläufen; Talübergänge: 1. Planübergänge, 2. Unter- und Überführungen, 3. Durchlässe und Brücken.
 c) Tunnelbau.
 d) Zubehör: 1. Einfriedigungen u. Schutzanlagen, 2. Schranken, Wärterhäuser, 3. Schutzanlagen gegen Feuer und Schnee, 4. Sonstiges.
 e) Unterbau städtischer Schnellbahnen: 1. Hochbahnen (Standhochbahnen und Schwebebahnen), 2. Tiefbahnen.

IV. **Oberbau.**
 a) Die Bettung.
 b) Das Gleis: 1. Grundlagen, 2. Die Schienen, 3. Gleisführung, 4. Die Schienenunterlage α) Querschwellenoberbau, β) Langschwellenoberbau, γ) Einzelstützgleis, 5. Schienenstöße, 6. Straßenbahnoberbau*), 7. Oberbau für Industrie- usw. Bahnen, 8. Gleisverlegung und Gleisunterhaltung.
 c) Oberbau für Bahnen besonderer Art: 1. Zahnbahnen und Bahnen gemischten Systems, 2. Seilbahnen.

*) Ausschließlich elektr. Straßenbahnen und Straßenkabelbahnen.

Illustrierte Technische Wörterbücher

In sechs Sprachen:

Deutsch — Englisch — Französisch — Russisch — Italienisch — Spanisch

V. Gleisverbindungen.

a) Weichen und Kreuzungen: 1. Anordnungen von Weichen und Kreuzungen, 2. Die Ablenkungsvorrichtung, 3. Weichenstellvorrichtung*), 4. Herzstücke und Zwangschienen, 5. Besondere Art von Weichen (Kletterweichen, Straßenbahnweichen), 6. Weichenverbindungen.
b) Drehscheiben und Schiebebühnen: 1. Drehscheiben α) Bauart und Einteilung, β) Einzelteile, γ) Antrieb, 2. Schiebebühnen α) Bauart und Einteilung, β) Einzelteile, γ) Antrieb.

VI. Bahnhofsanlagen.

a) Grundformen und Gleisanordnungen.
b) Bauliche Anlagen der Bahnhöfe: 1. Anlagen für den Personen- und Gepäckverkehr α) Empfangsgebäude, Wartehallen, β) Nebengebäude, Abortgebäude, γ) Bahnsteige, 2. Anlagen für den Güter- und Tierverkehr α) Güterschuppen usw., β) Rampen, γ) Verladeeinrichtungen, δ) Wägevorrichtungen, 3. Anlagen für den Lokomotiv- und Wagendienst α) Lokomotivschuppen nebst Anlagen zur Bekohlung usw., β) Anlagen zur Wasserversorgung, γ) Anlagen zur Unterbringung und Instandhaltung der Wagen, 4. Ausrüstung der Bahnhöfe mit Anlagen verschiedener Art.

VII. Elektrische Bahnanlagen.

a) Allgemeines.
b) Kraftanlagen: 1. Stromerzeugung, 2. Stromumformung, 3. Stromausgleichsbatterien.
c) Streckenausrüstung: 1. Oberirdische Stromzuführung, 2. Stromzuführung durch dritte Schiene, 3. Unterirdische Stromzuführung, 4. Elektrische Stoßverbindung.

VIII. Signal- und Sicherungswesen.

a) Signale.
b) Stell- u. Blockeinrichtungen: 1. Stellwerke, 2. Stelleitung, 3. Signalantrieb, 4. Weichensicherung, 5. Kraftstellwerke, 6. Blockanlagen α) Allgemeines, β) Wechselstromblockung, γ) Zugstabsystem, δ) Selbsttätige Zugdeckung.
c) Bahntelegraphen, Fernsprecher und Läutwerke.
d) Sonstige Sicherungseinrichtungen.

IX. Werkzeuge und Geräte für Betrieb und Unterhaltung.

X. Eisenbahnbetrieb.

Alphabetisch geordnetes Wortverzeichnis mit Angabe der Seite und Spalte, in denen jedes einzelne Wort zu finden ist.

---

*) Weichensicherung und Fernbedienung siehe Kap. VIII.

Der Band enthält etwa 4700 Worte in jeder der 6 Sprachen

Illustrierte Technische Wörterbücher

In sechs Sprachen:

Deutsch — Englisch — Französisch — Russisch — Italienisch — Spanisch

BAND 6:

Eisenbahnmaschinenwesen

Unter Mitwirkung des Vereines für Eisenbahnkunde und des Vereines
Deutscher Maschineningenieure, beide zu Berlin

XIII und 796 Seiten mit etwa 2100 Abbildungen und Formeln.

In Leinwand gebunden Preis M. 10.—

INHALTSÜBERSICHT:

I. Gemeinsame Einrichtungen für Lokomotiven und Wagen.

a) Das Laufwerk: 1. Räder und Achsen, Laufachsen und Triebachsen, 2. Achslager und Schmierungen, 3. Lenkachsen und Drehgestelle.
b) Zug- und Stoßvorrichtungen: 1. Zugstangen und Zughaken, 2. Pufferanordnungen, 3. Kupplungen.
c) Bremsvorrichtungen: 1. Einzelteile der Bremsen, Einzelbremsen, 3. Durchgehende Bremsvorrichtungen.
d) Zugsignalvorrichtungen

II. Lokomotiven und Triebwagen.

a) Allgemeines: 1. Allgemeine Anordnung und Einteilung der Lokomotiven, 2. Kraft- und Arbeitsverhältnisse, 3. Bewegungsverhältnisse und Eigenschwingungen.
b) Der Lokomotivkessel: 1. Der Stehkessel α) Feuerungseinrichtungen, β) Einzelteile der Feuerkiste, 2. Der Langkessel α) Kesselschüsse und Vernietung, β) Dampfdom, γ) Heizrohr, 3. Die Rauchkammer, 4. Bauart, 5. Die Kesselausrüstung: Reinigungsöffnungen, Kesselbekleidung, Regler, Speisevorrichtungen, Wasserstandzeiger. Pfeifen und Läutwerke, Ventile, Manometer, Ablaßhähne.
c) Das Lokomotivgestell: 1. Der Rahmen, 2. Federn und Ausgleichhebel, 3. Führerstand, 4. Besondere Ausrüstung (Bahnräumer, Sandstreuer usw.).
d) Das Triebwerk: 1. Verschiedene Anordnungen, 2. Triebwerksteile (Zylinder und Kolben, Gestängeteile und Führung, Schmiervorrichtungen), 3. Steuerungen.
e) Verbundmaschinen: 1. Verschiedene Bauarten, 2. Anfahrvorrichtungen, 3. Sonstige Einzelteile.
f) Heißdampflokomotiven: 1. Allgemeines über überhitzte Dämpfe, 2. Überhitzeranordnungen, 3. Besondere Ausführungeu an einzelnen Teilen.
g) Tender.

Illustrierte Technische Wörterbücher

In sechs Sprachen:

Deutsch — Englisch — Französisch — Russisch — Italienisch — Spanisch

h) Triebwagen.
i) Feuerlose Lokomotiven, Gaskraftlokomotiven etc.
k) Schneeräumungsvorrichtungen.
l) Lose Ausrüstungsgegenstände der Lokomotiven und Wagen.

III. **Wagen.**

a) Allgemeines über Wagenbau: 1. Untergestell, 2. Wagenkasten. 3. Türen, 4. Fenster, 5. Übergangseinrichtung, 6. Wandverkleidung.
b) Spezielle Wagenarten und ihre besondere Einrichtung: 1. Personenwagen, 2. Gepäck- und Postwagen, 3. Güterwagen, 4. Wagen besonderer Art.
c) Wagenheizung.
d) Lüftung.

IV. **Fahrzeuge der Bahnen besonderer Bauart.**

V. **Zugbeleuchtungssysteme.**

a) Einzelbeleuchtung mit Kerzen und flüssigen Brennstoffen: 1. Verschiedenes, 2. Ölbeleuchtung.
b) Gasbeleuchtung: 1. Fettgasbeleuchtung, 2. Steinkohlengas, 3. Mischgas, 4. Gasglühlicht.
c) Elektrische Zugbeleuchtung: 1. Mit Akkumulatoren, 2. Mit Lichtmaschinen, 3. Einzelteile der elektrischen Zugbeleuchtung.

VI. **Fahrzeuge der elektrischen Bahnen.**

a) Fahrzeuge.
b) Fahrzeugausrüstung: 1. Stromabnehmer. α) Allgemeines, β) Bügel, γ) Rolle, δ) Stromabnehmer besonderer Bauart, 2. Motor, 3. Fahrschalter, 4. Vielfachsteuerung, 5. Bremseinrichtung, 6. Sonstige Einrichtungen für elektrische Wagen.
c) Akkumulatorenbetrieb.

VII. **Eisenbahnfähranlagen.**

VIII. **Eisenbahnwerkstätten.**

a) Allgemeines und Anordnung.
b) Werkstattabteilungen.
c) Werkstatteinrichtung und Arbeitsvorgang: 1. Lokomotivwerkstatt, 2. Wagenwerkstatt, 3. Sonstige Werkstattanlagen, 4. Werkstatteinrichtungen für elektrische Bahnen, 5. Wohlfahrtseinrichtungen.

Alphabetisch geordnetes Wortverzeichnis mit Angabe der Seite und Spalte, in denen jedes einzelne Wort zu finden ist.

Der Band enthält etwa 4300 Worte in jeder der 6 Sprachen

2

Illustrierte Technische Wörterbücher

In sechs Sprachen:
Deutsch — Englisch — Französisch — Russisch — Italienisch — Spanisch

BAND 7:

Hebemaschinen und Transportvorrichtungen

VIII und 659 Seiten mit etwa 1500 Abbildungen und Formeln.

In Leinwand gebunden Preis M. 9.—

INHALTSÜBERSICHT:

I. Last und Lastbewegung

II. Grundbegriffe der Dynamik

III. Elemente der Hebezeuge

a) Huborgane, b) Übersetzungsorgane, c) Transmissionsorgane, d) Haltorgane, e) Befestigungsorgane

IV. Statik und Eisenkonstruktionen

V. Konstruktionsmaterial und Materialfestigkeit

VI. Antriebe und Steuerungen

a) Handantrieb, b) Transmissionsantrieb, c) Elektrischer Antrieb, d) Dampfantrieb, e) Druckwasserantrieb, f) Druckluftantrieb, g) Rohrleitung, h) Steuergestänge

VII. Triebwerke

VIII. Einfache Hebezeuge

IX. Winden

X. Krane

XI. Fahrbahnen und Gleise

XII. Aufzüge

XIII. Förder- und Transportvorrichtungen

XIV. Lagervorrichtungen

XV. Seilförderung

Alphabetisch geordnetes Wortverzeichnis mit Angabe der Seite und Spalte, in denen jedes einzelne Wort zu finden ist.

Der Band enthält etwa 3600 Worte in jeder der 6 Sprachen

Illustrierte Technische Wörterbücher

In sechs Sprachen:
Deutsch — Englisch — Französisch — Russisch — Italienisch — Spanisch

BAND 8:

Der Eisenbeton im Hoch- und Tiefbau

VII und 415 Seiten mit über 900 Abbildungen und zahlreichen Formeln.

In Leinwand gebunden Preis M. 6.—

INHALTSÜBERSICHT:

I. Allgemeines
II. Mechanische Grundbegriffe
III. Betonbereitung
IV. Eisenbearbeitung
V. Schalung
VI. Gründung, Fundierung
VII. Mauerwerk
VIII. Zwischendecken
IX. Säulen
X. Treppen
XI. Dächer
XII. Wasserbau
XIII. Straßenbau
XIV. Flüssigkeitsbehälter
XV. Brücken
XVI. Kunststeine
XVII. Silo

Alphabetisch geordnetes Wortverzeichnis mit Angabe der Seite und Spalte, in denen jedes einzelne Wort zu finden ist.

Der Band enthält etwa 2400 Worte in jeder der 6 Sprachen

Illustrierte Technische Wörterbücher

In sechs Sprachen:
Deutsch — Englisch — Französisch — Russisch — Italienisch — Spanisch

---

BAND 9:

Werkzeugmaschinen

X und 706 Seiten mit etwa 2200 Abbildungen und Formeln.

In Leinwand gebunden Preis M. 9.—

INHALTSÜBERSICHT:

A. Metallbearbeitung.

I. Hobel-, Feil- und Stoßmaschinen
Hobelmaschinen und Gestell
Arbeitsweise und Antrieb
Umsteuerung und Schaltung
Einspannung des Werkstücks
Werkzeuge
Feilmaschinen
Stoßmaschinen

II. Drehbänke
Typen
Gestell
Dreharbeit
Antrieb
Vorschub und Support
Einspannung des Werkstücks
Werkzeuge

III. Bohrmaschinen
Typen und Gestelle
Arbeitsweise, Antrieb und Schaltung
Werkstückbefestigung und Bohrer

IV. Gewindeschneidmaschinen

V. Fräsmaschinen
Typen und Gestelle
Arbeitsweise und Antrieb
Fräser
Kaltsägen

VI. Schleifmaschinen
Typen und Gestelle
Arbeitsweise und Antrieb
Schleifstein

Illustrierte Technische Wörterbücher

In sechs Sprachen:
Deutsch — Englisch — Französisch — Russisch — Italienisch — Spanisch

VII. **Scheren und Lochmaschinen**
Arten und Antrieb
Arbeitsweise

VIII. **Schmiedemaschinen**
Hämmer
Schmiedepressen
Stauch- und Nietmaschinen
Biege- und Richtmaschinen
Krämp- und Kümpelmaschinen

IX. **Form- und Gießereimaschinen**

B. Holzbearbeitungsmaschinen.

X. **Sägemaschinen**
Gattersägen
Steifsägen
Schweifsägen
Bandsägen
Kreissägen

XI. **Holzhobelmaschinen**
Spanhobelmaschinen
Abricht- und Dickenhobelmaschinen
Kehl- und Fügemaschinen
Holzfräsmaschinen

XII. **Sandpapiermaschinen**

XIII. **Stemm- und Holzbohrmaschinen**

XIV. **Holzdrehbänke und Kopiermaschinen**

XV. **Zinkenschneidmaschinen und Rahmenmaschinen**

XVI. **Spaltmaschinen**

XVII. **Holzbiegemaschinen und Pressen**

XVIII. **Faßbindemaschinen**

XIX. **Maschinen für Wagenräder**

XX. **Zündholzmaschinen**

XXI. **Anlagen für Holzbearbeitung**
Betriebseinrichtung
Schutzvorrichtungen

XXII. **Holzarten**
Technische Eigenschaften der Hölzer
Wichtige Nutzhölzer

Alphabetisch geordnetes Wortverzeichnis mit Angabe der Seite und Spalte, in denen jedes einzelne Wort zu finden ist.

Der Band enthält etwa 3900 Worte in jeder der 6 Sprachen

Illustrierte Technische Wörterbücher

In sechs Sprachen:
Deutsch — Englisch — Französisch — Russisch — Italienisch — Spanisch

BAND 10:

Motorfahrzeuge

(Motorwagen, Motorboote, Motorluftschiffe, Flugmaschinen)

Unter dem Protektorat des Kaiserlichen Automobil-Klubs zu Berlin
des Royal Automobile Club of Great Britain — des Automobile-Club
d'Italia — des St. Petersburger Automobil-Klubs — des Moskauer Auto-
mobil-Klubs — und des Real Automóvil Club de España
und unter Mitwirkung der Automobiltechnischen Gesellschaft — des Motor-
Yachtverbandes — der Motorluftschiff-Studiengesellschaft — des Kaiser-
lichen Aero-Klubs, sämtliche zu Berlin, sowie bedeutender ausländischer
Automobil-Klubs und Gesellschaften

XVI und 996 Seiten mit etwa 1800 Abbildungen und
zahlreichen Formeln.

In Leinwand gebunden Preis M. 12.50

INHALTSÜBERSICHT:

I. **Motorwagenarten**

II. **Theorie**
Verbrennungsmotoren
Betriebstoff
Material
Maschinenelemente
Fabrikation und Konstruktion

III. **Untergestelle**
Rahmen
Achsen
Federn
Räder
Bereifung

IV. **Ausrüstung der Wagen mit Explosionsmotoren**
Motoren
Vergaser
Zündung
Auspuff
Kühlung
Kraftübertragung
Getriebe
Lenkung (des Fahrzeuges)
Schmierung
Bremsen
Kupplungen
Behälter

Illustrierte Technische Wörterbücher

In sechs Sprachen:

Deutsch — Englisch — Französisch — Russisch — Italienisch — Spanisch

V. **Ausrüstung der Dampfwagen**
Kessel
Dampfmaschine, Dampfmotor

VI. **Ausrüstung der Elektromobile**
Sammler, Akkumulator
Generator, Stromerzeuger
Fahrschalter und sonstige Ausrüstung

VII. **Wagen mit gemischtem Antrieb**

VIII. **Oberbau**

IX. **Ausrüstung des Wagens**

X. **Werkzeuge**

XI. **Betrieb und Wartung**

XII. **Beschädigungen und Ausbesserung**

XIII. **Sport**

XIV. **Kauf, Verkauf und Versand**

XV. **Motorfahrräder**

XVI. **Motorboote**
Baustoffe und Bauteile
Motoranlage

XVII. **Motorluftschiffahrt, Luftschiffahrt**
Hülle, Gashülle
Ballonzubehör
Steuervorrichtungen
Gondel
Luftschraube, Propeller
Luftschiffsysteme
Gondelausrüstung
Landung des Luftschiffes
Gasfüllung
Wetterlage
Allgemeines

XVIII. **Flugmaschinen**

XIX. **Drachenballon**
Ballonexerzieren

Alphabetisch geordnetes Wortverzeichnis mit Angabe der Seite und Spalte, in denen jedes einzelne Wort zu finden ist.

Der Band enthält etwa 5900 Worte in jeder der 6 Sprachen

Illustrierte Technische Wörterbücher

In sechs Sprachen:
Deutsch — Englisch — Französisch — Russisch — Italienisch — Spanisch

BAND 11:

Eisenhüttenwesen

XII und 785 Seiten mit etwa 1700 Abbildungen und zahl-
reichen Formeln.

In Leinwand gebunden Preis M. 10.—.

INHALTSÜBERSICHT:

I. Einteilung des Eisens

Roheisen. Schmiedbares Eisen. Flußmetall, Flußeisen, Blockeisen.
Eisenlegierung (Ferrolegierung). Handeleisen (Merkantileisen).
Halbzeug, Fertigware, Fertigeisen. Eisenbahnmaterial. Bleche. Draht.

II. Abnahme und Prüfung des Materials

Abnahme. Außenbesichtigung. Stoffprüfung.

III. Eisenerzvorkommen und Eisenerze

Lagerstättenkunde. Erzarten.

IV. Aufbereitung der Eisenerze

Scheidung. Waschen der Erze. Rösten der Erze. Laugung, Auslaugen,
Magnetische Aufbereitung. Formung (Brikettierung), Ziegelung.

V. Brennstoffe

Verkokung.

VI. Zuschläge

VII. Feuerfeste Stoffe

VIII. Hüttenwerkanlagen

Verlade- und Beförderungsvorrichtungen. Wasserversorgung. Ge-
bäulichkeiten. Kesselanlagen. Elektrizitätswerk, Elektrische Zentrale.

IX. Laboratorium

Physikalisch-chemische Geräte. Reagentien, Chemikalien. Chemie
des Eisens. Gang der Analyse. Elektroanalyse. Gasanalyse, gas-
analytische Untersuchung. Metallkunde. Metallmikroskopie. Die
photographische Technik. Spezielle Metallographie des Eisens.

Illustrierte Technische Wörterbücher

In sechs Sprachen:

Deutsch — Englisch — Französisch — Russisch — Italienisch — Spanisch

X. Der Hochofen

Hochofenbau, Aufbau. Nebenapparate. Betrieb des Hochofens. Nebenerzeugnisse des Hochofens.

XI. Darstellung des Schweißeisens

Rennen. Herdfrischen. Puddeln. Betrieb des Puddelofens.

XII. Flußeisenerzeugung, Flußeisenherstellung

Tiegelstahldarstellung. Windfrischen, Frischen mit Luft. Frischen auf Flußeisen im Flammofen. Glühfrischen. Zementieren, Zementstahldarstellung.

XIII. Eisen- und Stahlgießerei

Formerei. Schmelzerei. Gießerei. Putzerei.

XIV. Schmieden und Pressen

Hammeranlage, Hammerhütte. Schmiedepressen.

XV. Walzwerke, Eisenwalzwerke

Die Walzen. Das Walzen.

XVI. Härten des Stahles

Härteöfen. Härtevorgang. Anlassen, Nachlassen.

XVII. Schutz des Eisens

XVIII. Erzeugung

XIX. Lieferung

Anhang

Elektrische Stahlerzeugung, Elektrostahlerzeugung.

Alphabetisch geordnetes Wortverzeichnis mit Angabe der Seite und Spalte, in denen jedes einzelne Wort zu finden ist.

Der Band enthält etwa 5200 Worte in jeder der 6 Sprachen.

Illustrierte Technische Wörterbücher

In sechs Sprachen:
Deutsch — Englisch — Französisch — Russisch — Italienisch — Spanisch

Demnächst erscheint

BAND 12:

Wassertechnik–Lufttechnik–Kältetechnik

XXIV und 1959 Seiten mit 2075 Abbildungen und zahlreichen Formeln.

INHALTSÜBERSICHT:

Wassertechnik.

A. Mechanik der flüssigen Körper [Hydromechanik].

I. **Hydrostatik, Lehre von der ruhenden Flüssigkeit:** 1. Molekulare Eigenschaften der Flüssigkeiten. 2. Gleichgewicht vollkommener Flüssigkeiten.
II. **Hydrodynamik, Lehre von der bewegten Flüssigkeit:** 1. Achsen, Koordinaten. 2. Geschwindigkeit und Strömung. 3. Beschleunigung. 4. Arbeitsvermögen. 5. Potential. 6. Schwingungen. 7. Wirbelbewegung.
III. **Hydraulik:** 1. Strömung in offenen Wasserläufen. 2. Strömung in geschlossenen Leitungen. 3. Ausfluß.
IV. **Gewässerkunde [Hydrologie].**
V. **Wassermessungslehre [Hydrometrie]:** 1. Allgemeines. 2. Unmittelbare Bestimmung der Wassermenge. 3. Einbau eines Überfalls in den Wasserlauf oder in das Gerinne. 4. Wassermengenbestimmung durch Querschnitt- und Geschwindigkeitsmessung. 5. Bestimmung der Wassermenge auf chemischem Wege. 6. Wassermesser.
VI. **Wellen und Gezeiten.**
VII. **Schraube und Schiffsbewegung:** 1. Schiffsschraube, Schraube, Propeller. 2. Schiffsbewegung.

B. Wassermaschinen [hydraulische Maschinen].

I. **Hebemaschinen für Flüssigkeiten:** 1. Allgemeines. 2. Wasserschöpfmaschinen. 3. Pumpen. 4. Feuerspritzen. 5. Ventilbrunnen.
II. **Wasserkraftanlagen und Wasserkraftmaschinen:** 1. Allgemeines und Wirtschaftliches. 2. Wasserrecht. 3. Wassergewinnung. 4. Kraftgewinnung.
III. **Arbeitsübertragung durch Preßwasser oder Druckwasser, hydraulische Arbeitsübertragung:** 1. Wassersäulenmaschinen. 2. Hydrodynamischer Transformator. Turbotransformator. 3. Pressen und Druckwasserpressen [Hydraulische Pressen].
IV. **Hydraulische Bewehrungen [oder Armaturen], besondere Apparate und Zubehör für Wasserrohrleitungen.**

Lufttechnik.

A. Mechanik der Luft [Aeromechanik].

B. Luftmaschinen [pneumatische Maschinen].

I. **Gebläsemaschinen:** 1. Allgemeines. 2. Balggebläse. 3. Kolbengebläse. 4. Schaufelgebläse. 5. Strahlgebläse.
II. **Luftverdichter [Kompressoren, Luftkompressoren]:** 1. Allgemeines. 2. Kolbenverdichter. 3. Schaufelverdichter. 4. Wasserdruckluftverdichter [hydraulische Luftkompressoren].
III. **Luftpumpen:** 1. Allgemeines. 2. Hahnluftpumpen und Quecksilberluftpumpen. 3. Kolbenluftpumpen. 4. Schaufelluftpumpen.

Illustrierte Technische Wörterbücher

In sechs Sprachen:
Deutsch — Englisch — Französisch — Russisch — Italienisch — Spanisch

C. Anwendung der Luftmaschinen und der Druckluft.

I. Lüftung und Bewetterung: 1. Belüftung und Entlüftung. 2. Bewetterung.

II. Entstaubung, Entstäubung.

III. Preßluft, Druckluft.

D. Windkraftmaschinen.

I. Allgemeines. II. Windmühlen. III. Windräder, Windmotoren.

Kältetechnik.

I. **Wärmelehre:** 1. Temperatur. 2. Wärmemessung. 3. Wärmeeinheit. 4. Wärmebetrag, Wärmemenge. 5. Aggregatzustand. 6. Energie, Arbeitsvermögen. 7. Kennzeichnende Daten. 8. Kältemittel, Kühlmittel. 9. Wärmebewegung.

II. **Arten der Kälteerzeugung:** 1. Allgemeines. 2. Kältemischung. 3. Kälteerzeugung durch Maschinen.

III. **Verdichter für Kältemaschinen:** 1. Verdichterart, Verdichterbauart. 2. Verdichterzylinder [Kompressorzylinder] und Verdichterrahmen. 3. Triebwerk. 4. Verdichterventil. 5. Verdichterantrieb, Antrieb des Verdichters.

IV. **Verflüssiger und Verdampfer:** 1. Verflüssiger [Kondensator]. 2. Rückkühlung. 3. Verdampfer. 4. Einzelteile der Verflüssiger und der Verdampfer.

V. **Verbindungsleitungen:** 1. Leitungsarten. 2. Rohrarten. 3. Verteilungsrohr. 4. Formstücke. 5. Rohrverbindungsarten. 6. Absperrteile [Absperrorgane]. 7. Regelteile [Regelorgane]. 8. Ölabscheider. 9. Flüssigkeitssammler.

VI. **Zusammenbau, Versuch und Betrieb.**

VII. **Wärmeschutz, Isolierung:** 1. Allgemeines. 2. Wärmeschutzstoffe [Isolierstoffe, Isoliermaterial]. 3. Raumisolierung. 4. Leitungsisolierung.

VIII. **Eiserzeugung und Eisgewinnung:** 1. Eiserzeugung. 2. Eisgewinnung. 3. Eislagerung, Lagerung des Eises. 4. Verwendung des Eises.

IX. **Anwendungsgebiete der Kälte:** 1. Raumkühlung. 2. Kühlhaus, Kühlhalle, Kaltlagerhaus. 3. Kühlgut und Gefriergut. 4. Lebensmittelversand. 5. Schiffskühlung. 6. Eisbahn. 7. Brauerei. 8. Weinindustrie und Destillation. 9. Flüssigkeitskühlung und Trinkwasserkühlung. 10. Anwendung der Kälte im Molkereibetriebe. 11. Kunstbuttererzeugung [Margarineerzeugung]. 12. Herstellung von Schokolade und Zucker. 13. Hochofenbetrieb. 14. Schachtabteufung. 15. Faserstofftechnik [Textiltechnik]. 16. Kälteanwendung in der Medizin. 17. Kälteanwendung in der Pflanzenzucht. 18. Tabakindustrie. 19. Erdölverarbeitung. 20. Chemische Industrie. 21. Herstellung von Pulver und Sprengmitteln. 22. Verschiedene Anwendungsgebiete. 23. Technik der tiefen Temperaturen.

Alphabetisch geordnetes Wortverzeichnis mit Angabe der Seite und Spalte, in denen jedes einzelne Wort zu finden ist.

Der Band enthält etwa 11300 Worte in jeder der 6 Sprachen

Illustrierte Technische Wörterbücher

In sechs Sprachen:
Deutsch — Englisch — Französisch — Russisch — Italienisch — Spanisch

Kritiken über die I. T. W. aus der
„Zeitschrift des Vereines Deutscher Ingenieure"

31. Dezember 1910.

„Eine umfangreiche und unbestreitbar wertvolle Arbeit hat der Verlag mit diesem Bande zum Abschluß gebracht. Er umfaßt nicht nur die Motorwagen und Motorfahrräder, sondern auch die sich anschließenden Gebiete der Motorboote und Luftfahrzeuge, und zwar in einer Vollständigkeit, wie man sie dem anspruchslosen Bande von außen gar nicht zutrauen würde. Das Grundsätzliche des Deinhardt-Schlomannschen Verfahrens hat sich auch in dem vorliegenden Bande bewährt, und es scheint mir kein Fehler zu sein, wenn aus einer Reihe von bereits bearbeiteten Gebieten (Maschinenteile, Verbrennungsmaschinen usw.) einzelnes in den vorliegenden Band mit übernommen worden ist, um das Gebiet abzuschließen; denn bei dem Umfang, den die Illustrierten Technischen Wörterbücher bereits erlangt haben, kann für den einzelnen kaum mehr die Rede davon sein, sich alle Bände anzuschaffen. Er muß also in dem Bande, der seinem Sondergebiete am nächsten steht, tatsächlich alles das finden können, was er braucht. Die Aufgabe ist mit dem vorliegenden Bande gelöst worden. Bei den Motorwagen werden nacheinander die Bauarten, in einem theoretischen Abschnitt das Wichtigste über Verbrennungsmaschinen, Betriebstoffe, Baustoffe, Bauteile und Fabrikation, dann die Teile des Untergestells, der Motoren mit dem Getriebe, die entsprechenden Teile von Dampf- und elektrischen Wagen sowie die sonstige Ausrüstung und der Betrieb der Wagen behandelt, und zwar zumeist in so geschickter Reihenfolge der einzelnen Stichworte, daß sogar schon das Lesen der Ausdrücke nacheinander nicht eines gewissen belehrenden Einflusses entbehrt. Bei dem innigen Zusammenhange, der zwischen der Technik und dem Sport gerade auf diesem Gebiete herrscht, wird es den Ingenieur sicher nicht stören, auch einiges hierüber, über das damit in Verbindung stehende Kauf- und Verkaufswesen, sowie über Ausrüstungsgegenstände, Kleidung usw. vorzufinden, obgleich der Zusammenhang bei den einzelnen Stücken mitunter recht zufällig sein kann. Das gleiche betrifft auch die Abschnitte über Motorboote und Luftfahrzeuge, von denen namentlich der letztere sehr ausführlich gehalten ist. Mit der Rücksichtnahme auf den sportlichen Teil des Motorfahrzeugwesens gewinnt natürlich das Wörterbuch auch für die heute noch sehr maßgebenden Sportkreise an Wert und damit an Aussicht auf erhöhten Absatz.

Das Werk ist als einziges in seiner Art für den großen Kreis der heute an den Motorfahrzeugen Interessierten zu wertvoll, als daß seine allgemeine Beurteilung durch die Rücksicht auf Kleinigkeiten beeinträchtigt werden sollte."

12. Februar 1910.

„Der soeben erschienene fünfte und sechste Band der I. T. W. ist bearbeitet von $\mathfrak{Dipl.}$-$\mathfrak{Ing.}$ A. B o s h a r t unter Mitwirkung des Vereines für Eisenbahnkunde, des Vereines Deutscher Maschineningenieure, beide in Berlin, und einer ganzen Reihe der angesehensten Fachleute diesseits und jenseits des Ozeans.

Das Haus R. Oldenbourg befolgt mit den bekannten sechssprachigen technischen Wörterbüchern das Verfahren der großen Dampfergesellschaften, die ihren eigenen Rekord schlagen. Jeder Band bringt neue Überraschungen stets angenehmer Art.

Illustrierte Technische Wörterbücher

In sechs Sprachen:
Deutsch — Englisch — Französisch — Russisch — Italienisch — Spanisch

Kritiken a. d. „Zeitschrift d. Vereines Deutscher Ingenieure"

12. Februar 1910.

(Fortsetzung.)

Der Inhalt des fünften und sechsten Bandes ist so reichhaltig, wohlgeordnet und zweckmäßig und angenehm durch Abbildungen fast künstlerischer Ausführung erläutert, daß, ganz abgesehen von den technischsprachlichen Zwecken, zu denen die Bücher in erster Linie geschrieben sind, Lehrer und Lernende sowie die im Eisenbahnbau und -betrieb stehenden Beamten und strebsamen Arbeiter die Bücher u. U. auch zur Vorbereitung auf Prüfungen und zu sonstiger sachlicher Unterweisung mit Nutzen verwenden können. . . .

Die gleiche Anerkennung verdient Bd. VI. Die einzelnen Abschnitte: Gemeinsame Einrichtungen für Lokomotiven und Wagen; Lokomotiven und Triebwagen; Wagen; Fahrzeuge der Bahnen besonderer Bauart; Zugbeleuchtungssysteme; Fahrzeuge der elektrischen Bahnen; Eisenbahnfähranlagen und Eisenbahnwerkstätten behandeln das große Gebiet mit schon gewohnter Gründlichkeit und Zuverlässigkeit. Heizung und Lüftung sind in dem Abschnitt »Wagen« eingegliedert. Das Buch, dessen Inhalt mir so nahe befreundet ist, hat bei eingehender Prüfung nie versagt.

Die sprachliche Richtigkeit und die Schärfe des Ausdruckes ist durch die Wahl der Mitarbeiter gewährleistet, unter denen sich eine ganze Reihe führender Persönlichkeiten der Gelehrten- und der Beamtenwelt des Faches wie auch des einschlägigen Großgewerbes der in Frage kommenden Länder befindet. Die deutschen Ausdrücke sind von einem solchen Gelehrten besonders auf sprachliche Reinheit geprüft. Die Aufbringung und das einträchtige Zusammenhalten dieses wohlgeordneten Heeres fleißiger und sicherer Helfer, deren in dem ganzen Unternehmen schon über 1100 tätig sind, ist vielleicht das Bewundernswerteste an dem ganzen Werke.

Vom typographischen Standpunkt ist hervorzuheben, daß es gelungen ist, bei gleicher äußerer Seitengröße und bei einer nur um 3 mm vermehrten Länge des Satzspiegels die schon erhebliche Zahl von 64 Zeilen für jede Seite des ersten Bandes in Band V und VI auf 79 Zeilen zu steigern, ohne daß die Annehmlichkeit des Gebrauches des Buches dadurch im mindesten gelitten hätte. Das Auge wird durch die wohlgeformten und scharfgeschnittenen Buchstaben selbst bei schwacher Beleuchtung nicht ermüdet, und die sehr sauber ausgeführten Abbildungen, die bei der Vergrößerung durch eine Lupe überraschend viele Einzelheiten erkennen lassen, bieten neben schneller und eindeutiger Belehrung angenehme Zerstreuung und anregende Unterhaltung. Das Papier ist, bei trotzdem großer Festigkeit, noch erheblich dünner geworden, so daß jeder Band nicht einmal die Stärke eines Reisehandbuches bester Ausführung mit entsprechender Seitenzahl hat. Die Bücher werden deshalb auch leicht, neben Baedeker und Meyer, ihren Weg in die Rocktasche des reisenden Technikers finden. Die etwa 4700 Wortbegriffe des V. und etwa 4300 des VI. Bandes, in jeder der sechs Sprachen ausgedrückt, nebst mehr als 1900 bezw. 2100 Abbildungen und zahlreichen Formeln sind fürwahr mit Aufwand geringer Masse verarbeitet, und die vom anhaltenden Schreiben ermüdete Hand weiß diese Erleichterung wohl zu schätzen. Könnten die Verleger deutscher Tageszeitungen und belletristischer Werke nicht aus dem Buche lernen, daß die Überbleibsel gotischer Schriftmalerei in unsere Zeit nicht mehr passen?

Während sich in Bd. V ein sorgfältig bearbeitetes drei Seiten langes Verzeichnis übrigens meist harmloser Druckfehler befindet (außerdem fand ich nur »Halbstation« 229,₄), fehlt dieses in Bd. VI ganz. Es scheint demnach hier gelungen zu sein, den von einem solchen Werke gewiß besonders

Illustrierte Technische Wörterbücher

In sechs Sprachen:
Deutsch — Englisch — Französisch — Russisch — Italienisch — Spanisch

Kritiken a. d. „Zeitschrift d. Vereines Deutscher Ingenieure"

12. Februar 1910.

(Fortsetzung.)

schwer fern zu haltenden Kobold, dem der Setzerkasten als Domäne über-
antwortet ist, schon vor der Stereotypierung zu bannen. Wenigstens sind
mir auch sonst keine Spuren dieses ärgerlichen Gastes aufgefallen.

Der Preis der auch ansprechend und zweckmäßig gebundenen Bücher
ist mäßig gegenüber dem Reichtum des Gebotenen.

Der hohe Wert auch des V. und VI. Bandes der Schlomannschen
Wörterbücher erhellt am besten aus dem Vergleich mit andern, sonst
als gut bezeichneten technischen Wörterbüchern, die regelmäßig dann
versagen, wenn man ihrer Hilfe am dringendsten bedarf, weil keine
Ableitung von andern Begriffen tunlich ist. Andre, dem Verfasser gerade
geläufige Wortbegriffe werden dagegen bis zum Überdruß und bis zu
gänzlicher Erschöpfung des Stoffes — aber auch des Lesers — abgehandelt.

Die Abfassung eines solchen Werkes übersteigt eben infolge des reißend
schnellen Fortschrittes der technischen Entwicklung auf den alten wie
auf neuen Sondergebieten bei weitem die Kräfte einzelner, noch so
tüchtiger Kenner technischer Begriffe und sprachlicher Wortbildung, und
es konnte deshalb eine auch nur entfernt ähnliche Leistung lediglich
durch eine Vielheit unbedingt zuverlässiger und den ihnen zugewiesenen
Anteil vollständig beherrschender und durchdringender Mitarbeiter zu-
stande gebracht werden.

Auszusetzen habe ich an den V. und VI. Bande der Illustrierten Tech-
nischen Wörterbücher nichts. Wenn ich mir indessen einen Vorschlag
gestatten darf, so wäre es der, daß bei dem weiteren Fortgange des
Unternehmens allgemeine, häufig wiederkehrende Begriffe sowie Materialien,
Materialfehler und Herstellverfahren aus den die einzelnen Sonderzweige
behandelnden Bänden ausgeschieden und in einem besonderen Bande zu-
sammengefaßt würden. Ein Ansatz hierzu ist schon gleich im ersten
Bande gemacht. Das Verfahren wäre nur weiter auszudehnen, und es
gibt auch viele Stoffe, die sich nicht nur in den verschiedenen Zweigen
des Maschinenbaues wiederholen würden. Ähnlich verhält es sich mit
manchen Bau- und Maschinenteilen (Flügel, Wange, Schulter, Knie, Ge-
lenk usw.) und mit Worten, die einen Zustand oder eine Form bezeichnen.
So steht das englische Wort camber in Bd. V richtig für »Wölbung des
Pflasters«, es bedeutet aber auch z. B. die Aufbiegung oder den Aufbug,
den man langen Trägern für Eisenbahnwagen sowie für Brücken und für
sonstige Bauwerke in Stahl und Eisen gibt, damit sie nach dem fertigen
Zusammenbau des Ganzen unter der Einwirkung der dann auftretenden
Belastung gerade werden, ferner die Aufbiegung oder den Pfeil der Trag-
federn und die Wölbung des Daches der Eisenbahnwagen (s. Bd. VI).
Auch der sogenannte »Schweinerücken« nach oben gekrümmter Eisen-
bahnschienen würde unter die gleiche Bezeichnung fallen. Das Wort
müßte sich also, um vollständig zu sein, in vielen einzelnen Bänden
wiederholen, von denen aber vielleicht derjenige, der gerade gebraucht
wird, dem Suchenden nicht zur Hand ist. Auch auf Wortbegriffe, die
Fehler des Stoffes oder der Bearbeitung, sowie auf solche, die Arbeits-
verfahren zur Herstellung von Roh- und Fertigerzeugnissen bezeichnen,
wäre das Gesagte anzuwenden.

Durch die Schlomannschen Wörterbücher wird in erfreulichster Weise
ein wahrer Notstand beseitigt, der durch die gewaltigen Anstrengungen
um das Zustandekommen und um das Wiederflottmachen des Technolexikons
nach dessen Schiffbruch am besten gekennzeichnet ist. Die ganze Anlage der
Illustrierten Wörterbücher ist äußerst glücklich, die Ausführung tadellos, und
sie verdient Anerkennung weit über das Maß hinaus, an das der rührige und

Illustrierte Technische Wörterbücher

In sechs Sprachen:

Deutsch — Englisch — Französisch — Russisch — Italienisch — Spanisch

Kritiken a. d. „Zeitschrift d. Vereines Deutscher Ingenieure"

12. Februar 1910.

(Fortsetzung.)

vornehme Verlag schon seit langem in der Fachpresse des In- und Auslandes gewohnt ist. Dem sich nach den bisherigen Erfolgen in durchaus sicheren Bahnen bewegenden großzügigen und ungewöhnlich nützlichen Unternehmen wird gewiß allseitig der ersprießlichste Fortgang gewünscht."

4. September 1909:

„Das Wörterbuch, dessen dritter Band mir vorliegt und dessen vierter Teil bereits erschienen ist, ist nach dem bekannten Verfahren der Herren ?einhardt und Schlomann planmäßig geordnet und mit einem alphabetischen ²erzeichnis versehen. In dem planmäßig geordneten Hauptteil sind ¹ahlreiche Haupt- und Eigenschaftswörter, ja sogar viele Zeitwörter durch Zeichnung dargestellt. Das Verfahren gewährt in sehr erwünschter Weise dem Benutzer des Wörterbuches vollständige Klarheit über den Begriff des gesuchten Wortes. Es eignet sich natürlich vor allem für ein technisches Wörterbuch und bedeutet zweifellos einen erheblichen Fortschritt auf diesem Gebiete.

Der mir vorliegende Band zeichnet sich ebenso wie die früheren durch die Frische des Inhaltes aus. Die Verfasser haben ihren Wortschatz aus dem Leben gegriffen und damit ein für die Praxis vorzüglich brauchbares Werk geschaffen. Veraltete Ausdrücke sind ersichtlich mit mutigem Entschluß über Bord geworfen, und nur das heute noch Lebendige ist aufgenommen. Die Rücksicht auf praktische Brauchbarkeit ist überall ausschlaggebend gewesen; auch Wörter, die mehr der Umgangssprache als der Schriftsprache angehören, findet man vertreten. Beispielsweise ist selbst der „Schaufelsalat" nicht ausgelassen."

31. Juli 1909:

„Für den Gebrauch des schaffenden Ingenieurs, der in der Regel Spezialist auf einem ziemlich begrenzten Gebiete der Technik ist, wäre ein großes technisches Sprachlexikon, das sich über alle Gebiete der angewandten Naturwissenschaften erstreckt, ebenso unzweckmäßig wie der Gebrauch eines Gesamtlexikons der Technik. Mehr als 90 % des Inhalts sind für ihn Ballast, das Nachschlagen in den Bänden des Werkes ist istig, ganz abgesehen von den Anschaffungskosten. Überaus zeitgemäß war darum der Gedanke des Fachwörterbuches, geschaffen von Spezialisten des betreffenden Faches. Es ist bei seinem geringen Umfange ieicht verwendbar und darum leicht verkäuflich, kann mit neuen Auflagen schnell die neuesten Fortschritte des betreffenden Faches berücksichtigen und findet bei seiner Durchsichtigkeit unter Fachleuten jederzeit freiwillige Unterstützung.

Die illustrierten technischen Fach-Wörterbücher von A. Schlomann zeichnen sich durch den bekannten, überaus glücklichen Aufbau nach der Methode Deinhardt-Schlomann aus, durch systematische Gruppierung aller Fachausdrücke nach technischen Gesichtspunkten und durch reichiche Illustrierung (im vorliegenden Bande über 1000 Abbildungen auf 86 Seiten)."

Illustrierte Technische Wörterbücher

In sechs Sprachen:
Deutsch — Englisch — Französisch — Russisch — Italienisch — Spanisch

Einige Urteile anderer Fachzeitschriften:

Gerade bei dem vorliegenden Bande zeigt sich wieder die große Zweckmäßigkeit der Beigabe von Abbildungen und Skizzen, von Apparaten, Schaltungen, Handgriffen und sonstigen Anordnungen, ohne welche in vielen Fällen eindeutige Begriffsbestimmungen überhaupt nicht möglich gewesen wären.

Das Wörterbuch ist dazu berufen, dem in Technikerkreisen seit langer Zeit gefühlten Bedürfnis nach einem zuverlässigen Hilfsmittel bei dem Studium fremdsprachlicher Literatur abzuhelfen.
Elektrotechnische Zeitschrift.

Das vorliegende Wörterbuch bedeutet für den internationalen wissenschaftlichen und praktischen Verkehr in technischen Angelegenheiten eine Neuerung von allergrößter Bedeutung und muß jedem Fachmanne und Studierenden als ein unentbehrliches Handbuch wärmstens empfohlen werden.

Die Durchführung des schwierigen Werkes, welches unter Mitwirkung hervorragender Fachautoritäten erfolgte, ist eine musterhafte; sie geht auf den Kern der Sache los, vermeidet alle überflüssige Weitschweifigkeit, enthält aber gleichwohl alles Notwendige, das der Theoretiker und Praktiker braucht. Durch diese wirtschaftliche Anordnung ist mit dem kleinsten Aufwande von Zeit und Mühe der größte denkbare Effekt erreicht.
Österr. Wochenschrift für den öffentl. Baudienst.

Das vorliegende Werk verdient eine begeisterte Aufnahme in technischen Kreisen, welche mit dem Auslande zu tun haben.
Wochenschrift d. Architekten - Vereins zu Berlin.

Mit diesem Werk wird endlich das so lang ersehnte, praktisch verwendbare technische Wörterbuch zur Wirklichkeit.
Schweiz. elektrotechn. Zeitschrift.

Der große Wert dieses umfangreichen Sprachwerkes dürfte sich in der Praxis bald herausstellen.
Glückauf.

Die Anlage dieses Wörterbuches ist ausgezeichnet.
Zentralblatt der Bauverwaltung.

Es wird daher auch dieser Band der illustrierten Wörterbücher, gleich seinen Vorgängern, sich bald allgemeiner Verbreitung und Verwendung erfreuen, denn er ist sicher geeignet, der internationalen Technik wertvolle Dienste zu leisten.
Werkstatts- Technik.

Die Vorzüge dieser eigenartigen, aber als sehr praktisch gerühmten Wörterbücher sind schon durch die früher erschienenen Bände bekannt. Der vorliegende Band IV steht seinen Vorgängern schon deshalb nicht nach, weil sowohl Form wie Methode beibehalten sind. Verläßlichkeit der Übersetzung, Eindeutigkeit der durch die schon bekannten kleinen Randfiguren näher bestimmten Dinge sowie handliche und angenehme Ausstattung zeichnen auch diesen Band aus.
Zeitschr. d. österr. Ingenieur- und Architekten-Vereins.

Das Werk verdient in der Tat die wärmste Empfehlung; die Bearbeiter haben ihre Aufgabe in hervorragendem Maße gelöst und eine längst schon tief empfundene Lücke auf dem Gebiete der internationalen Verständigung im Ingenieurwesen trefflich ausgefüllt.
Zeitung d. Vereins Deutsch. Eisenbahnverwaltungen.

Besonders bewundert habe ich an dem Band für Elektrotechnik die so gut wie absolute Vollständigkeit und die Korrektheit der Übersetzung. In dieser Hinsicht übertrifft das vorliegende Werk alles Bisherige bei weitem. *Professor Niethammer, Brünn.*

Zahlreiche weitere Urteile der Presse, auch ausführliche Prospekte über jeden Band der I. T. W. vom Verlag R. Oldenbourg, München NW. 2 und Berlin W. 10